烏龜飼育
與圖鑑百科

朱哲助 楊佳霖 ◎著

　　在特殊寵物漸漸抬頭的今天，寵物一詞已經不再被貓狗所獨佔，環境的改變、社會結構的不同、人口成長與都市化，造成了寵物市場生態的演化與革新。

　　在過去，特殊寵物多半為富裕人家身份地位的表徵，二、三十年前，熊、獅、虎、豹、人猿甚至大型的鱷魚都曾是特殊寵物的主流。隨著保育觀念的推廣以及法律的規範，才讓這些非常不適合人類社會豢養的動物回到野外，取而代之的是一些小型且容易馴化與繁殖的物種進入寵物市場，兔、鼠、貂、鳥類、兩棲類與爬蟲類、蜜袋鼯、刺蝟、浣熊等等，也都漸漸成為寵物的主流。也因為這些物種的飼養與一般認知的寵物如狗與貓的飼養大相徑庭，甚至許多特殊物種的原棲息地都遭人為破壞而無法在自然界繁衍，所以除了要推廣正確的飼養觀念、預防疾病與意外死亡的發生外，更進一步研究繁殖與保育讓特殊動物族群得以永續生存。

　　特殊寵物族群裡，爬蟲類是較為特殊的物種，其中包括蛇、蜥蜴、龜鱉、鱷魚等等，在眾多的爬蟲類寵物中，最受歡迎的就是龜類了。他們因為討喜的外表、普遍溫馴的個性、緩慢且有趣的動作，更是中國人文化中長壽的表徵，所以一直以來都受到愛好者的青睞。但是除了他們的外觀之外，許多人對於龜類的了解還是非常有限，以往我們都必須靠著國外的翻譯書籍來吸收相關知識，或是閱讀原文書籍來獲得龜的相關知識，對於許多讀者來說，一本屬於我們自己語言與文化背景介紹、又淺顯易懂、內容豐富的龜類介紹書籍向來是個難以達成的期待。本書的出版結合了與龜類相關跨界專家，針對分類學、歷史與文化、種別介紹、生態與生理、飼養與管理、健康保健與疾病等等不同的角度，一一的來向讀者介紹什麼是「龜」？我相信閱讀完本書，對龜類的知識一定會有更上一層的了解。

侏儸紀野生動物專科醫院院長　李柏鋒

小時候養巴西龜是很多朋友的童年記憶，筆者亦是如此，看到同學帶了巴西龜來學校上課，所有人都投以好奇及羨慕的眼神。

　　在好奇心的驅使下，同學們一窩蜂的搶養巴西龜，盛況好比自然課養蠶寶寶一般，筆者亦然。在那個知識不足的情況之下，導致同學們的龜一一病逝。

　　由於筆者對龜產生了極大的興趣，也因此一股腦地投入尋找龜類相關的知識與資訊，也拜網路科技之賜，讓我得到了許許多多的資訊，也因為這股熱情，讓我創立了臺灣第一個以龜類為主題的論壇「小楊子的龜窩」。

　　在網路資訊爆炸的年代，飼養資訊取得並不困難，但卻無法讓喜好龜類的新朋友們一目了然，故本人與朱醫師興起了出版龜類飼養工具書的念頭，在此也特別感謝臺灣兩棲爬蟲動物協會、小楊子龜窩論壇的先進，給予我們飼養上的建議與心得．

　　期待本書之出版，能夠方便新進朋友更快速的了解療癒性寵物 - 烏龜的迷人。

小楊子的龜窩論壇站長　楊佳霖．

# Contents

第三章 **烏龜品種圖鑑簡介**

第四章 烏龜的健康與疾病

第五章 烏龜問題集

第一章

認識烏龜

烏龜是怎樣的動物？

烏龜（泛指龜鱉目）是現存最古老的爬行動物，蛇、蜥蜴、鱷魚雖然也都屬於爬蟲動物之一，但發展的歷史都不如烏龜那般悠久。

地球現存最古老的爬行動物，烏龜的祖先與演化

二〇〇八年，生物學家在中國貴州省發現一個體長 35 公分左右的烏龜化石，它就是目前已知最早的烏龜，其生存的時間約在兩億兩千萬年前，因此推估烏龜從此時就已開始演化，只不過這時的烏龜，不像現代烏龜有背、腹部的甲殼，它只在腹側有甲，因此生物學家推測，烏龜可能是從兩億一千萬年之後，才演化成擁有完整堅硬龜甲的模樣。

目前已知最古老的烏龜，當屬「原頸龜」（Proganochelys），它的化石曾在德國、泰國發現過，因此推測當時可能棲息於歐亞大陸。原頸龜在構造上已具備許多現代陸

原頸龜的想像圖

龜的特徵，例如完整的背甲與腹甲、形狀大小與陸龜相似等等，只是它的頭與四肢尚不能完全縮入殼內。

學者認為，烏龜應該是在兩億至一億四千六百萬年左右，才演化出可將頭與四肢縮入龜甲中的生理構造，當時陸地上最大的獵食動物是恐

龍，因此這可能是為了防衛恐龍的獵捕才演化出的機制。

　　而龜甲除了有防衛的功能外，也有遮蔽身體的功能，其他爬蟲類如蜥蜴、蛇等動物，在休息時都會固定找尋一個較為隱密的地方棲息，但是烏龜並沒有演化出這種行為，於是龜甲就成了烏龜的「窩」。

　　經過了漫長且複雜的演化，目前龜鱉目動物種數已超過 300 種，根據頸骨收縮的方式 ，又可區分為側頸亞目（Pleurodira）與隱頸亞目（Cryptodira）。前者頸部以側向摺曲縮入龜甲內，後者頸部能依背腹面做 S 型彎曲，而目前大多數的龜鱉類多屬隱頸亞目。

隱頸亞目烏龜將頭縮進殼內示意圖

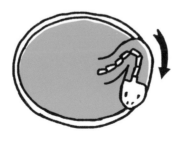

側頭亞目烏龜將頭縮進殼內示意圖

科學分類

動物界→脊椎動物門→蜥形綱[*1]→無孔亞綱→龜鱉目

龜鱉目分類
側頸亞目（Pleurodira）
非洲側頸龜科 Pelomedusidae （又名側頸龜科）
南美側頸龜科 Podocnemididae
蛇頸龜科 Chelidae
曲頸龜亞目／隱頸龜亞目（Cryptodira）
鱷龜科 Chelydridae
平胸龜科 Platysternidae（又名大頭龜科）
澤龜科 Emydidae（又名河龜科）
陸龜科 Testudinidae
海龜科 Cheloniidae （又名蟾龜科）
棱皮龜科 Dermochelydidae （又名革龜科）
泥龜科 Dermatemydidae（又名中美河龜科）
動胸龜科 Kinosternidae （又名麝龜科）
地龜科 Geoemydidae （又名潮龜科、淡水龜科 Bataguridae）
兩爪鱉科 Carettochelyidae（又名豬鼻龜科）
鱉科 Trionychidae

[*1] 由現代爬行類與鳥類的共同祖先及其後代所組成的物種

「龜」字的演變與常見俗話成語

「龜」字是怎麼構成的？而關於「龜」的常見俗話成語又有哪些？以下就來瞧瞧與「龜」有關的國學小常識吧！

如摹其形的「龜」字

「龜」是中文字中最容易辨認的字之一，兩個「彐」就像是烏龜的足爪，字的右邊是烏龜的背甲，上部是頭、下部是尾，因此「龜」字其實就是依烏龜的側視形象來描繪的，字如其形，十分傳神地表現出「龜」的模樣。

龜字橫躺是不是就像在爬行的烏龜呢？

龜字的演變

| 甲骨文 | 金文 | 小篆 | 楷書 |

從靈龜到槍龜

由於烏龜的腹、背皆有硬殼，且四肢短、頭、尾、腳皆可縮入殼內，再加上行動遲緩、壽命長等明顯的特徵，因而衍生出許多與烏龜有關的俗話成語！

麟鳳龜龍：其實在古代，烏龜與麒麟、鳳凰、龍都是祥獸，爾後即用此來譬喻才識出眾的人。

龜齡：由於烏龜壽命很長，因此常用來譬喻長壽，如「龜齡鶴算」、「龜年鶴壽」等成語，皆取龜、鶴的長壽，來祝福人長壽。

援鱉失龜：過去，烏龜被視為是靈獸之一，由於龜、鱉外形相似，但地位卻大不同，因此常被拿來相較。這句成語是指為了求得不值錢的鱉，卻反而喪失了靈龜，爾後多用來比喻得不償失，求小利而失大利的行為。

金龜婿：這個美稱出自唐代詩人李商隱的《為有》詩：「為有雲屏無限嬌，鳳城寒盡怕春宵。無端嫁得金龜婿，辜負香衾事早朝。」在《舊唐書·輿服誌》解釋道：「天授[*1]元年，改內外所佩魚並作龜，三品以上龜袋用金飾，四品用銀飾，五品用銅飾。」所以當時唐代三品以上官員會佩戴金飾龜袋，理所當然「金龜婿」即指擔任高官或享有厚祿的夫婿！

槓龜：賭博或簽注彩券時，沒有簽中而本錢虧損，閩南話叫「槓龜」。這是由「貢龜」一詞衍生而來。古時人民會進貢烏龜給皇帝，故有「貢龜」一詞，由於要進貢給皇帝的烏龜都十分稀珍，可是一旦進貢，便再也要不回來，因此有「財物有去無回」之意。

龜笑鱉無尾，鱉笑龜頭短：為臺灣俗諺，意指人雖欲證明對方比自己差，但實際上程度相去不遠，與「五十步笑百步」的意思相似。

王八：王八是龜的俗稱，大約從唐、宋時期開始，由於唐朝樂戶[2]多戴綠頭巾，而烏龜的頭部亦為綠色，故常用以譬喻開設妓院的男子，或是妻子不貞的人為「龜（王八）」，久而久之「龜（王八）」字就成為罵人的話。

此外，歐陽修《新五代史‧前蜀世家》記載，五代十國時的前蜀主王建，年輕時是個無賴之徒，專門從事偷驢、宰牛、販賣私鹽等勾當，由於王建在兄弟姊妹中排行第八，所以和他同鄉里的人都叫他「賊王八」。還有一種說法是「王八」即「忘八」的諧音，是指忘記了「禮義廉恥孝悌忠信」這八種品德的人。

[1] 天授（六九〇年九月—六九二年三月）是武則天的年號。
[2] 在古代，罪人的妻女或犯罪的婦女，常被收入樂部而成為官妓，或從事彈奏演唱，後泛指供奉皇室音樂的人家，不過「樂戶」地位比良民還要低，且因「良賤不婚」的習俗，往往無法與士人、良民通婚。

烏龜的傳說故事

自古以來，烏龜的長壽、馱著背甲的外形，一直就為人所注意，現在就來看看牠在故事傳說中扮演過哪些重要的角色吧。

古代的靈獸

在古代，華人一直將「龜」視為靈獸，在《禮記·禮運》篇中曾將「麟、鳳、龜、龍」視為「四靈」，龜的尊貴可見一斑。不過「四靈」是哪四種神獸，一直以來並沒有固定的說法，有時是「龍、鳳、虎、龜」，有時是「龍、鳳、虎、龜蛇（玄武）」，不過不管怎麼組合，基本上都會有「龜」的身影。

玄龜，是《山海經》中所記載的一種神龜，有鳥頭蛇尾。

而「龜」為什麼會成為靈獸之一呢？一方面除了因為烏龜「長壽」之外，另一方面也與牠的外形有關，由於牠有圓拱形的背甲和寬平的腹甲，與古代「天圓地方」的宇宙觀相符，所以華人認為烏龜身上的龜甲就像是一個小宇宙，而馱著「小宇宙」四處行走的龜，自然就是靈獸了，所以人們不但相信牠有靈性，也會拿龜甲來占卜，進而形成一種特殊的「龜文化」。

女媧補天的傳說

根據《三皇本紀》記載，在遠古時期，水神共工與火神祝融交戰。共工被祝融打敗，一怒之下用頭撞斷西方的世界支柱不周山，於是天塌陷下來並破了一個大洞，天河之水宣洩到大地上造成洪水氾濫，更有許多猛獸、凶鳥趁亂吞食人類。幸好有女媧熔鍊五色石修補青天，又折斷鰲（海裡的一種大龜）的四肢當作柱子把天立起來，殺猛獸、抵禦洪水，人們才得以生存。因此，在女媧的神話中，烏龜可是負起了撐起天地的任務呢！

「曳尾塗中」的典故

戰國時期，楚王想重用莊子，便差了兩位大夫去請他到朝中任官。莊子不為所動，只是向兩位大夫說了個故事：「楚國有一隻神龜，死的時候已經三千歲，楚王隆重地用錦巾包好裝在盒裡，甚至還將牠放在廟堂中供奉珍藏著。可是，這隻神龜是希望死後留著龜殼被當成寶物呢？還是自由自在地在爛泥中拖著尾巴四處爬行呢？」兩位大人答道當然是後者。於是，莊子請他們回去，說自己也想像神龜一般，喜歡拖著尾巴在爛泥巴裡四處爬行，而這也是成語「曳尾塗中」的典故。原指與其身居卿位，受爵祿、刑罰的管束，不如隱居而安於貧賤，後也比喻在汙濁的環境裡苟且偷生。

龜與「慎言」

印度的佛教中一直流傳著這種故事原型：有一隻烏龜（也可能是鱉）與兩隻鶴（也可能是其他的飛鳥）一起生活著，後來因為旱災，動物們只好遷移到其他有水的地方去，為了跟著鶴鳥們一起搬家，烏龜想到了個辦法，牠請鶴抓住木條兩端，自己再咬緊木條，就可以跟牠們一起飛到新的地方去，這個方法果然成功。可惜的是經過樹林時，有些小孩看到這個場景時，拍手大叫：「快來看，有鶴鳥想到用木條的方法來載烏龜呢！」烏龜聽了非常生氣，因為方法是牠想出來的，當牠忍不住張口想辯解時，就掉下去摔死了。

這個故事流傳的版本很多，細節也不盡相同，但主旨都是勉人謹慎言語，以免招來禍端。

蓬萊山（臺灣）與大鰲

《列子‧湯問》篇中有提到，在渤海的東面不知幾億萬里的地方有五座仙山。分別叫岱輿山、員嶠山、方壺山、瀛洲山和蓬萊山，住在山上的人都是神仙。每座山高低延伸達三萬里，山頂上的平坦處也有九千里。山與山之間距離達七萬里，山上住著的都是神仙聖人。但五座山的根部並不相連，經常跟隨潮水的波浪上下移動，十分不穩，於是神仙們便向天帝求助。天帝便命令禺強指揮十五隻大鰲抬起腦袋把這五座山頂住。共分為三班，六萬年一換，這五座山才穩定下來不再流動。

但是龍伯國有個巨人知道了仙山下有大鰲的事，於是大腳一抬，走沒幾步，來到仙山旁邊使用香餌釣大鰲。這些貪吃的大鰲禁不住香餌的吸引，一下子就被巨人釣走了六隻，因而岱輿和員嶠二座仙山便流到了最北邊，沉入了大海，數億的神仙流離失所。

天帝因此大怒，用法力逐漸消減龍伯國的國土，並縮小龍伯國巨人的身高。但是據說到了伏羲、神農氏的時代，龍伯國的人還有幾十丈高。

後來經過專家的考證，認為故事中所說的蓬萊山指的應該就是臺灣島，而臺灣會時常有地震，就是因為抬著島嶼的大鰲在活動被壓得痠疼的身體所造成的。

臺灣與烏龜有關的地名

臺灣有龜山島、六龜、龜仔山等地名，這些地名不約而同都有個「龜」字，這些地方究竟與「龜」有什麼關係呢？

關於龜山島的傳說

位在宜蘭東邊外海的龜山島，現在已經是臺灣生態旅遊的熱門景點，它是一座火山島，因為其外形酷似烏龜而得名，而這座島是怎麼來的呢？有幾種說法。

龜山島就像是一隻浮在海上的大烏龜，也因此傳說故事特別豐富（施錦還提供）。

由於龜山島位在外海，形狀又似龜，因此人們立刻就將之與海洋的傳說相連。傳說東海龍王的女兒噶瑪蘭公主，美麗善良又備受疼愛，但她卻愛上了龍王的部下龜將軍，因此受到龍王極力地反對，兩人原本欲私奔離開龍宮，卻被龍宮的追兵攔下，龜將軍在打鬥中受傷落海而死，屍體浮在海上，最後便成了龜山島；而噶瑪蘭公主也因為愛人死去後悲傷過度而亡，在岸上化身為現在的蘭陽平原，與龜山島遙遙相望。

也有一說是龍王下令蝦兵蟹將把龜將軍趕出龍宮，不捨得噶瑪蘭公主的龜將軍回首對著化身成蘭陽平原的噶瑪蘭公主呼喊她的名字「噶瑪

蘭！噶瑪蘭！」有時在岸邊，似乎就可以伴隨著浪濤聲聽到龜將軍的呼喊。而蝦兵蟹將一直努力要把龜將軍推離到外海，所以在龜山島附近總是能捕到豐富的漁獲。

此外，據傳噶瑪蘭公主有時會為龜將軍編織斗笠，當龜將軍戴上斗笠後，他們也會因為苦思而傷心流淚，天空會下起傾盆大雨，大海會掀起濤天巨浪，因此當地有句俗語說「龜山戴（黑）帽，大水浩浩（連瞑浩）」，就是指說只要看到龜山島上空烏雲籠罩，就表示大雨即將來臨。

除了這個淒美的傳說外，龜山島也有一個與鄭成功有關的傳說，據傳有一次鄭成功帶兵經過龜山島附近時，被一隻大龜精所攻擊，船隊眼看就要覆滅，此時，鄭成功拿出弓箭，一箭就射中了龜精，最後龜精傷重而亡，臨終前還產下了龜卵，現在龜山島的龜卵嶼與硫氣孔，就是當年產下的龜卵以及龜精的傷口。

高雄六龜的傳說

現為茂林國家風景區的高雄六龜，據傳過去在荖農溪的河床中，有

六座巨大的岩石，遠遠看就像六隻巨大的烏龜在河中行走，因此將此地名為「六龜。」

相傳這六隻烏龜在十八羅漢山努力修練，因而成精，但其中一隻卻在凡間興風作浪，危害百姓，最後被十八羅漢給降服，並罰在山洞中思過，此處因而有十八羅漢山與六龜的地名。

又有一說，在這六座巨大的岩石中，最大的岩石其實是六龜之王，是此地的守護神，鄉民在此甚至還設有神位，直至今日香火仍然鼎盛。

南投水里龜仔山的故事

在南投縣水里鄉的玉峰大橋附近有一座「龜子山」，在漢人開墾居住之前，此地是原住民的生活空間。相傳龜仔山在洪水將至時，都會發出巨大的聲響來提醒鄉民。有一次龜仔山發出叫聲，卻不見有洪水，鄉民覺得被愚弄，一怒之下便將龜仔山的脖子砍斷，沒想到過不了多久，洪水果然來了，把龜仔山的頸部及四肢全沖毀，只留下巨大的身軀，就是現在的龜仔山。

除此之外，還有一說是龜仔山是原住民部落的守護神，這裡過去多為原住民的居處，原住民因為神明的庇佑而不受侵犯，但漢人覬覦這塊土地已久，就把龜仔山的雙眼挖爛，最後導致原住民無法在此居住，還得遷往更偏僻的山區，才得以生存。

「龜毛」詞源的探究

來自成語「龜毛兔角」之說

有學者認為「龜毛」一詞可能來自於成語「龜毛兔角」，這是因為烏龜無毛，兔子無角，故以「龜毛兔角」用來比喻有名無實，或現實中全然不存在的事物[*1]；此外，它也有戰事將起的徵兆或預警之意[*2]。

烏龜身上無毛，為何卻出現「龜毛」一詞呢？

來自日本的佛教書籍

「龜毛」是用來指稱過度拘謹、凡事想不開、不乾脆的舉動，該詞彙來源目前仍難有定論，有另一派學者推論這個用法可能來自於日本的漢文。日本僧人在《三教指歸》一書中，曾出現一位虛擬的「龜毛先生」，由於該人物形象拘謹、態度迂腐，有可能因此使「龜毛」一詞與「想不開」、「計較細節」等涵意劃上等號。

---

*1 出自《楞嚴經 • 卷一》：「汝不著者為在？為無？無則同於龜毛兔角。」

*2 出自晉代干寶《搜神記 • 卷六》：「商紂之時，大龜生毛，兔生角，兵甲將興之象也。」

小知識 1-2

屏東教育大學文化創意產業學系簡炯仁教授專訪

臺灣原住民與烏龜

關於臺灣原住民與烏龜文化，我們專訪到屏東教育大學文化創意產業學系的簡炯仁教授，簡教授鑽研臺灣文化多年，對於臺灣原住民與烏龜的文化有獨到的研究。

以龜殼為樂器

談到原住民文化與龜的關係，簡教授表示原住民對烏龜的崇拜並不如閩、粵等地的漢人那般熱衷，不過在周鍾瑄《諸羅縣志》中，曾經描述原住民在祭祀、聚會時，會將龜殼與木板一起繫於腰間，跳舞時，龜殼因為震動之故而與木板相擊，進而發出木魚般清脆的聲音：

「每一度，齊咻一聲．以鳴金為起止，薩鼓宜琤琤若車鈴聲；腰懸大龜殼，背內向；綴木舌於龜版，跳躑令其自擊，韻如木魚⋯⋯。」

這種以龜殼為樂器的文化，現今看來是不是覺得很有趣呢？

龜毛與原住民

　　根據簡教授的考據，臺灣閩語中有許多找不到詞源的形容詞，可能都來自於原住民的語言，「龜毛」一詞即為一例，這是因為原住民過去將倉庫稱為「辜摸」，只有潔淨的祭品才能放入倉庫中，之後因而衍生出挑剔、注重細節之語意。

六龜里與六龜

　　除了「龜毛」，簡教授表示高雄的「六龜」地名，與原住民（平埔族）也大有關係。簡教授發現在《大日本地名辭書・臺灣》、《安平縣雜記》中，分別以「六龜里」、「六篙里」來形容該區，簡教授因此推論該地的地名之所以並未有統一的寫法，顯然是漢人音譯當地平埔族稱呼互異所致。因此「六龜里」之地名，應來自於原住民對該地的稱呼，然而「六龜里」或「六篙里」的真正意涵，已無可稽查。

　　只不過「六龜里」經過多年來的地名改制，於一九二〇年正式稱為「六龜」，光復後鄉民們望文生義，誤解「六龜」一地之地名與「六隻龜」有關，並雕塑六隻龜，設置於進入六龜鄉入口處的「十八羅漢山」東邊，荖濃溪西岸的河階臺地。在前篇有提到六龜的傳說，然而「六龜里」的地名有可能與烏龜無關，而是原住民對當地的稱呼喔！

民間烏龜文化與習俗

無論是流傳數千年的中華文化，抑或是數百年來的臺閩信仰文化，從祭祀、飲食中，處處都可見與「龜」相關的習俗，現在，就來瞧瞧中華文化與臺灣民間有哪些「龜」足跡吧！

中華文化，處處可見「龜」跡

自古以來，「龜」就是一種吉祥的象徵，因此從商周時期開始，就有人用龜殼來占卜、在龜甲上刻上圖文記事（此即後來的甲骨文）、也以龜甲為貨幣等等，由此可知，從很久以前，龜殼一直是古代人民生活中常見的「日用品」。

除此之外，龜肉其實是可以食用的，在中國，有不少地區都有吃龜肉的習慣，例如廣東人常拿龜肉來入菜，據說有滋陰降火，益補氣血益肺腎的效果；而龜殼更被視為是珍貴的中藥材之一，常被拿來熬藥。清代時，就是因為有文人注意到家僕買回來熬藥的藥材裡，竟出現刻有符號與圖形的龜殼，才發現了殷商時期的甲骨文。這個發現大大的幫助現代人們更加了解中文字的演進與改變。

臺澎元宵──就是要「乞龜」

在閩南語中，「龜」與「久」同音，因而有了長壽吉祥的寓意，並開啟了閩南沿海的「乞龜」文化。臺閩沿海的乞龜活動流傳已有一百多

年的歷史，所謂的「乞龜」就是每年的元宵節時，在宜蘭、澎湖等地，都會有信徒們用麵粉等食材做成龜（如果以麵粉製成就叫「麵龜」）當成祭品，並用它來向神明祈求心願，假使心想事成，

麵龜是時常出現在祭祀場合的食物。

來年就會再做個更大的麵龜，如此一來，麵龜當然一年比一年大，不過當「龜」體積太大時，廟方會收回重製成小份的麵龜，供信徒們求乞。

乞龜除了「祈求平安」之外，其「向老天爺借運」的精神，也展現了臺閩特有的信仰特色。

除了傳統的「乞龜」，高雄六龜近幾年還流傳著一個民間傳說：高雄六龜大橋下的六座龜形岩石，因莫拉克風災之故，被沖走了五座，最後只剩龜王岩，鄉民因而傳說是龜王守護著此地居民，才使六龜不致滅村，因此六龜區公所在二〇一二年舉辦了「龜王文化祭」，除了感謝「龜王」的守護，也希望能透過活動，行銷災後的六龜觀光。

從食材藥材到「紅龜粿」

臺灣民間雖然較少吃龜肉，近年來由於動物保育概念的興起，也少以龜殼入藥，不過自古以來，烏龜就是長壽與吉祥的象徵，因此還是有

以龜為形的食物──即是「紅龜粿」，或稱紅粄。紅龜粿有福氣、榮祿和長壽之意，是閩南、客家人祭祀時常用的祭品，它的外皮通常是以糯米製成，內餡有時是紅豆、綠豆，也有蘿蔔絲或碎肉等口味，無論是閩南人或客家人，只要有拜拜，一定都找得到「紅龜粿」的踪影。

華人在製作紅色食物時，會使用紅花的花瓣來染色，因為紅花枯萎後會縮小成米粒狀，因此稱為「紅花米」，另有一說是紅花枯萎後只剩下一點點，台語唸做「一米米」，所以稱為「紅花米」。由於這種植物不產於臺灣，因此在臺灣買到的「紅花米」大多是一種工業色素，只是這種色素對人體有害，已經被禁止使用。現在看到的紅龜粿則多是使用食用色素染色，或是用紅麴做成。

將糯米打成漿，擠壓除去多餘水分後，再加入食用紅色色素，包入內餡再放入粿印壓平印出龜紋，就成了祭祀上常見的紅龜粿了。

壓製出紅龜粿的工具，右圖的木製板模已逐漸被左圖的塑膠製品取代。

烏龜的生理結構與壽命

對大多數人來說，烏龜最明顯的外觀，莫過於牠們身上足以遮蔽軀體的殼，但這個殼是怎麼來的呢？牠們身上其他的構造又為何呢？

認識烏龜

烏龜最特別的外觀特徵，就在於牠們有個像背包的殼，這個殼由肋骨及胸骨特化而成，表層為骨質皮，是最光滑的部分，龜殼還有軟硬之分，一般烏龜多為硬殼，但鱉則為軟殼，且沒有腹甲只有肌肉，這就是龜與鱉最大的不同。

說到烏龜，第一個想到的通常是牠那又大又圓的殼。

龜殼除了有保護身體的功能之外，少數品種如陸龜中的餅乾龜，殼本身具有彈性，能輔助烏龜進行負壓呼吸，不過其餘的龜種大多還是以四肢及頸部的運動來呼吸。

龜殼上也有些微的神經分布，因此龜殼如果破損，烏龜是會感覺到痛的！

烏龜的身體構造

無論是水生或陸生龜，所有的龜皆以肺來呼吸，而牠們的肺部則位於背側，對烏龜而言，這樣的構造一來有助於水生龜浮在水面上，二來在呼吸時，較有利於散熱。另外，龜的呼吸完全是經由鼻孔進行，張口呼吸一般是不正常的。

烏龜肺部的空氣能幫助牠浮在水上。

烏龜體表是有鱗片的，因此牠們有時會有脫皮的現象，但皮屑的量並不多，也不會有成片脫落的現象。

至於嘴巴的部分，其實龜的嘴像鳥一般，稱為「喙」，而且牠們沒有牙齒，也無法咀嚼，在攝食時，大多以角質化的喙與齒板來撕裂以及

切割食物後直接吞食。

鳥、龜、鱉的口喙比較圖

　　至於烏龜的足部則有趾甲，有些水生龜的足部像蹼一般，以利在水中游動；而陸生龜的腳部角質較厚，這樣的生理構造較利於牠們爬行。

烏龜的壽命

　　烏龜壽命因品種而異，但至少都在十年以上，有些陸龜甚至可以活到上百年，一般人工飼養的烏龜，大概可以活十五至二十年。

烏龜的身體特徵

腦

烏龜的智力比人類來得差，但能記住吃飯的時間，也會尋找舒適或有充足日曬的地方休息，學習能力比較緩慢。

耳朵

在頭的側面、眼睛的後方有圓盤狀的皮膚，那就是烏龜的鼓膜，烏龜沒有外耳，聽力也不佳，但是可以聽到比較低頻的聲音。

眼睛

烏龜的眼睛有眼瞼，能夠由下往上閉合。因為烏龜是日行性動物，所以視力很好，可以識別很多顏色和形狀。

鼻子

臉上尖端的兩個小洞就是烏龜的鼻子，嗅覺很好，對喜歡的食物味道會有反應，鼻孔與嘴巴是互通的，所以也可以從鼻孔喝水。

嘴巴

烏龜嘴裡同鳥類一樣沒有牙齒，但是口部堅硬且銳利，可以用來咀嚼、撕碎食物，烏龜的咬合十分有力，所以要多加注意避免被烏龜咬到受傷。

甲殼

烏龜的甲殼是以和人類指甲相似的蛋白質和角質板所形成的，屬於身體的一部分，直接包裹烏龜的肌肉與內臟，所以動畫裡烏龜把殼像衣服一樣脫下來的行為是不可能發生的。

尾巴

大多可以由尾巴的大小、長度和形狀辨別公母。

前後腳

一直以來，人們都會用「龜速」來形容極慢的速度，但是烏龜的速度其實意外地快。在二〇一四年時，一隻來自英國的豹紋陸龜以 19.59 秒爬完 18 英尺（約 5.5 公尺）的成績，打破金氏世界紀錄，成為目前世界上最快的烏龜。

烏龜的前後腳各有五個腳趾，而且十分有力，很容易就能逃離柵欄，所以要特別注意。水生龜在腳趾之間則生長有蹼。

烏龜的骨骼與甲殼

　　烏龜的骨骼構造與其他動物其實差不多，其中最大的特色就是為了保護軟身體而特化成的龜殼。

　　龜殼是由烏龜骨骼中的脊椎、肋骨、胸骨所構成，正如其他動物，肋骨主要的作用是保護重要器官，但是龜的肋骨特化成背甲與側甲，胸骨特化成腹甲，整個將身體包覆起來。不同於我們還有肌肉的分佈，我們的肌肉長在骨骼之外，肋間肌在肋骨之間，而龜殼的肌肉卻是在龜殼內附著在骨骼下生長。至於龜殼，最外層我們所看到的龜甲其實是皮膚，稱之為「骨質皮」的構造，表面會形成角化的硬質皮膚，就跟指甲構造類似。

　　甲殼以塊狀區分，每一塊甲殼間會有生長的區域，不論是下方深層的骨骼生長區，或是表層皮膚的生長區，都會不斷的生長，向外推進形成較柔軟的新生組織，稱之為「生長線」。也因為龜殼的構造，所以使得烏龜的呼吸動作也與眾不同，沒辦法擴張收縮肋骨，也沒有橫膈的構造，烏龜呼吸時只好將全身沒有殼的地方擴大體腔來吸氣、收縮沒有殼的部位來壓縮體腔以呼氣，所以烏龜總是會一伸一縮脖子與身體，這是為了要完成呼吸動作。

　　除了某些龜種的殼為了方便躲藏於縫隙中而具有彈性，如餅乾龜；

還有箱龜類以及少數陸龜像是歐洲陸龜的腹甲有關節構造可收縮，避免身體柔軟部位暴露出來；折背龜的背甲也具有關節可收縮，以司保護。除了這些特殊龜種之外，大多數龜種都是堅硬無比的甲殼。鱉的殼是由肌肉與皮膚構成，質地柔軟沒有太多的保護作用，豬鼻龜雖然有像殼的骨頭包覆全身，但這兩種龜的腹甲與背甲外都只有柔軟的皮膚，沒有骨質化的現象。另外龜的骨骼特異之處還有可彎曲的脖子，這個構造可以讓他們將頭完全縮於殼中。龜種之中還有些為了飲食的需求，頸部特化成像長頸鹿一般的蛇頸構造，像是蛇頸龜類中，為了吃較高的仙人掌而演化出長頸部的加拉巴哥象龜。

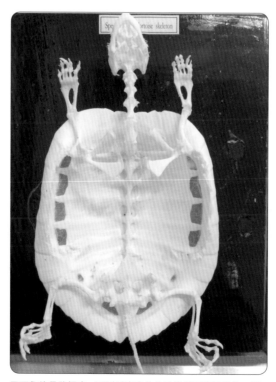

巴西龜的骨骼標本，可以看出烏龜的骨骼與甲殼是連在一起。

烏龜的性別特徵

　　烏龜的性別由外觀上其實相當難分辨，除了少數品種，例如紅腿象龜，他們的公龜在成年後會有個很具特色的葫蘆腰，由外觀可明確分出公母（請參考 P.131）；另外像是俗稱巴西龜的紅耳泥龜以及牠的表親們，雄性的成年第二性徵就是長長的前腳趾甲，看起來就像是「剪刀手愛德華」一般，據說這個構造是為了在求偶時候呈現「求偶舞」而特化的。

　　其他的龜種，必須等到成年後，由尾巴的構造來判斷公母，一般來說公龜的尾巴較長，泄殖孔的位置會較遠離腹甲邊緣甚至在背甲邊緣的外側，而母龜的尾巴通常非常的短，泄殖孔會很靠近腹甲邊緣（如圖為星點龜的比較）。

　　也有一個說法，認為公龜腹甲會比較凹陷，母龜會比較平，這個規則雖然在陸生龜種適用，但是因為人工飼養下，龜殼的形態會有所不同，所以判讀成功率相對較低。

左圖為公龜，尾巴較長；右圖為母龜，尾巴較短。

第二章

烏龜的飼養方法

我可以養烏龜嗎？

不同於愛黏人的貓咪、狗兒，烏龜是相當獨立、安靜的動物，雖然偶爾（如發情期）會發出聲音，但大多時候都不吵不鬧，也不若小貓小狗黏人，假使你希望養個獨立、安靜、低調的寵物，烏龜絕對是個好選項。

小龜特性：低調獨立又安靜

烏龜是在飼養上相對省事的寵物，牠既不需天天餵食，清潔照料的步驟也十分簡單，只要定時清潔飼養的器材，定時換水，定期打掃飼料環境，再依循小龜們的進食習性餵養，基本上就沒有什麼太大的問題。因此，如果你想要養寵物，但又沒

烏龜安靜獨立，是不黏人的小寵物。

辦法花費太多心力在照顧養護上；或是想有動物的陪伴，卻又不希望牠的吵鬧影響自己的作息，不妨考慮一下可愛的小龜們吧！

當然，如果你渴望的是寵物們可以向你撒撒嬌，喜歡牠們身上毛茸茸的溫暖，那麼個性獨立又沉默的烏龜，可能就不那麼適合你囉！

養烏龜最大的花費是……

養龜的花費雖然並不高，但依種類不同，售價也大相逕庭，一般常見的寵物澤龜，價格大概在 50 元到數千元新台幣不等，而比較有特色的

龜種或是陸龜，大概在 1500 至數萬元新台幣之間；另外，養龜的器材也會有一定的花費，如保溫石、保溫燈、爬蟲缸、紫外線燈等等，大概都在 500 元到數千元新台幣上下。

不過養龜最大的「花費」，就屬小龜們的「醫藥費」了，假使小龜生病需要餵藥，住院費用一天可能就要 500 元新台幣，若需要到氧氣箱治療，可能就會花費 1000 至 2000 元新台幣，如果再加上抽血、X 光等檢驗費，一次手術或醫療費用累積到數萬元也是有可能的，因此如果要飼養小龜，也別忘了問問自己，是否負擔得起牠生病時的醫療唷。

天然派？精緻派？哪個好？

最後，則是飼養的「派別」，在飼養烏龜時，有的飼主希望能營造出比較天然的環境，因此將小龜養在水池、庭院中，讓他們隨自己的習性活動，這種「自然派」飼養方式的優點，在於能讓動物的作息正常，也不需花費太多心思去照料，只要按時清潔即可，不過缺點是所需要的空間相當大（需有庭院、水池等），因此並不是每個飼主都能採用這樣的飼養方法，而且自然環境的溫、溼度不易控制，較容易有問題。

另一種方法，則是騰出一小部分的空間，放個水箱，讓烏龜棲住，其實只要照料得宜，注意清潔，這種「精緻派」的飼養方法也可以讓小

龜們健康地成長。如果飼養的是小型龜種，那麼「精緻派」很適合居住空間不大的小家庭或單身貴族。其實只要能讓小龜有個安身立命的所在，無論你居住的空間有多大，牠都能陪著飼主，一同分享生活中的點滴囉！

能帶烏龜出去散步嗎？

基本上，想帶烏龜出去散步是沒問題的，但是有幾點要特別注意：

1. 草地是否噴灑藥劑：帶烏龜出去散步時，萬一烏龜一時「貪吃」，誤食了噴灑藥劑的草葉，就可能中毒，因此如果想「溜龜」，最好挑選沒有噴灑藥劑的草地。

2. 是否常有貓狗等大型動物出現：若散步的區域常有貓狗等大型動物出現，不但會使烏龜容易遭受攻擊，萬一不小心沾染上或誤食貓狗的排泄物，也可能會使牠們感染寄生蟲，因此如果要帶烏龜去散步，也要留心附近貓狗出沒的狀況喔。

而飼主們若想帶烏龜出外散步，首先就是要注意烏龜的行踪，尤其烏龜的移動速度其實是很快的，若一個不留神，牠們可能就跑得不見踪影了。

如果真的怕烏龜「走失」，飼主也可以在帶牠們散步時候，將繩子固定在牠們的龜甲上（但千萬不要固定在頸部，這會使烏龜呼吸困難；也不要在龜甲上打洞穿線，烏龜是會痛的喔！），不過最好的方法，當然是亦步亦趨跟在烏龜旁邊，才能完全保護牠們。

挑選幼龜的注意事項

對新手而言,最困難的事,莫過於挑選一隻健康、活潑的幼龜,想知道挑選幼龜有哪些該注意的事項嗎?不妨參考一下這裡的建議吧!

新手挑選建議

一般來說,由於小龜們在冬季活動力較差,因此建議新手儘量不要在這個季節去挑選購買,最好趁夏季時小龜活動力較佳的時候去挑選,會比較容易判別小龜們是否健康喔!

挑選幼龜常是入門者的困擾之一。

對從無養龜經驗的人來說,建議先購買澤龜作為入門品種,例如巴西龜(紅耳龜)、斑龜、地圖龜、甜甜圈龜等等,這些小龜們對環境適應能力較強,比較適合新手喔!

若是陸龜,則建議挑選歐系陸龜、紅腿象龜或是蘇卡達象龜,較好照顧。

照過來!挑選小龜要點在此

此外,有些挑選小龜的要點,新手飼主不妨參考一下:

1. 挑選大小適中的小龜:新手若想飼養幼龜,建議挑選 50 克以上、大小

適中的小龜，50克以下的小龜可能適應環境的能力較差，抵抗力也較弱，因此不建議新手購買。

2. 避免購買野生龜或二手龜：別以為野生龜在野外放養，就比較「勇健」，其實野生龜很容易會有寄生蟲與不明疾病的問題，反而比人工繁殖的小龜們來得更不易照顧。至於二手龜則因為無法了解前任飼主的照護狀況，若前任飼主照護不周，就容易產生買賣上的糾紛喔！

3. 健康的烏龜，其特徵為：

☐ 眼睛有神，無眼屎、異物，眼角膜上無白點，且眼睛不浮腫。

☐ 口鼻無血，也無流鼻水或鼻水痕跡，呼吸暢通無雜音，無鼻塞或鼻孔不對稱。

☐ 外形勻稱，身體肥壯，手輕壓腹部看是否硬挺，身體無爛甲、斷尾、皮膚潰爛等現象。

☐ 檢查龜的頸部、腋窩等處的皮膚皺褶，必須無潰爛無異常脫皮，也無寄生蟲。

☐ 走起路來四肢撐起，腹部不拖地。另外，陸龜爬行時身體應該與地面平行，不會有高低不平的狀況；水龜游動時四肢靈活自然，身體不傾斜，且不會載浮載沉。

☐ 可以試著現場餵食，健康的龜會主動進食，不過要注意品種不同的龜，其食物是各不相同的喔！

4. 觀察肛門與排泄物：查看龜的肛門，如果有糞便髒汙，則可能有消化道的問題，若泄殖腔孔鬆弛、紅腫、出血等，則可能罹患腸炎。此外，健康的小龜其排泄物通常為團狀或長條狀，外裹白膜。如排泄物呈蛋青、血紅、淡綠色等，都是不健康的。

5. 挑選活潑的小龜：如果有多隻小龜可挑選，建議挑最活潑好動的，儘量少挑選躲在角落、活動力不強的小龜。另外，挑選時，也可輕輕地拉一下小龜的四肢，感覺其四肢是否有力（但注意不要強行將龜的四肢或頭部拉出，以免小龜受傷），若反應不強烈，也可能是身體虛弱的徵兆。

6. 初學者應避免購買的龜：

　　（1）特殊品種的龜或者有特殊食性及環境要求的龜，如馬來食螺龜，海龜等。

　　（2）長時間漂浮在水面的龜，因為可能有肺炎。

　　（3）如果放在手心的感覺輕盈則可能發育不良。健康的龜感覺起來較沉甸。

　　（4）張開口呼吸的龜可能已經感染嚴重疾病了。

　　（5）虛弱、嗜睡的個體也可能有問題。

　　另外，網路上有「藉翻身來測試烏龜是否健康」的建議，這是錯誤的喔！因為有的烏龜脖子較短（如陸龜），要翻身原本就不容易，因此並不適合這樣測試。

烏龜飲食 Q & A

想要養出健康活潑的烏龜，就得先從牠們的飲食開始下手，以下餵養烏龜的種種疑問，你是否也有呢？快來瞧瞧餵養烏龜需要遵守哪些原則吧！

關於餵食的原則是——

Q：網路上說，烏龜只要三至四天餵食一次即可，真的嗎？

A：烏龜的代謝雖然較慢，但若三至四天餵食一次，牠們是無法攝取足夠的熱量來維持體力的！建議飼主們無論飼養哪個品種的烏龜，至少兩天要餵食一至兩次，才不會影響烏龜的健康，但如果是大型肉食龜種，的確可以把餵食間隔拉開 3 至 5 天。

烏龜的健康，與餵食的方式大有關係

Q：幼龜的餵食頻率，該怎麼拿捏呢？

A：因為生長期的龜需要較多養分，所以幼龜的餵食頻率建議維持在每天一至兩餐左右。

Q：如何拿捏餵食烏龜的食物量呢？

A：這點飼主大可放心，當烏龜已經「吃飽」時，就不會再逼自己進食，

只不過建議新手飼主們，還是要細心觀察烏龜進食的分量，以便掌握
牠們的健康狀況；此外，若烏龜未食用完飼主所提供的食物時，要記
得清理乾淨，以免食物因腐爛而滋生細菌，影響水質及環境衛生。

關於草食性烏龜──

Q：我的龜是素食主義者（草食性），請問該怎麼餵食比較好呢？

A：大多數的陸龜都屬於草食性，因此在食物的供給上，可以蔬菜、水果
為主，由於蔬菜、水果熱量較低，建議每天至少餵食一次。另外也可
以補充非人工種植的野草及野菜，但仍是建議以一般蔬果為主。

關於肉食性烏龜──

Q：我的龜是肉食主義者（肉食性），請問該怎麼餵食比較好呢？

A：部分澤龜以肉為主食（如鱷龜），生活在野地裡的肉食龜，常常都得
等上好幾天，才能飽餐一頓，再加上動物性蛋白熱量較高，養成了牠
們少餐多量的習性，也因此成體的肉食龜 2 至 3 天餵一次即可，毋須
頻繁地餵食。而在食物的供給上，肉食龜的食物多以飼料魚（例如朱
文錦、大肚魚等）、昆蟲、肉類及飼料為主。

Q：餵食烏龜肉食時，需要注意什麼呢？

A：最需要注意的就是肉品的來源！有些飼主會自行從野外捕捉飼料魚

（如大肚魚等）來餵養烏龜，只不過野外魚種有時體內藏有寄生蟲或細菌，假使烏龜食用了這些來歷不明的魚類後，就可能產生疾病而影響健康，因此提醒飼主們，在提供肉食給烏龜食用時，最好還是以信任的店家人工繁殖的飼料魚為主。

關於雜食性烏龜——

Q：我的龜是雜食主義者，請問該怎麼餵食比較好呢？

A：大多數的澤龜都是雜食性，只不過肉食與蔬菜的比例，須視各品種而定，也因此餵食的頻率也就有所不同。若烏龜肉食比例偏高，或是近期烏龜食用肉食較多，就可以減低餵食頻率；假使近期烏龜多食用蔬菜、水果，就要增加餵食的頻率，但仍要額外注意因品種而異的蛋白質及鈣質需求。

Q：肉食性或雜食性的烏龜只能吃魚嗎？

A：其實只要是能提供動物性蛋白質的食物，肉食（或雜食）龜都是可以食用的，例如：昆蟲、蝦、小型哺乳動物，都可以提供，而商品化肉食飼料像是貂、犬、貓飼料及罐頭也可以適量補充。

小知識 2-1

只要餵食飼料？ YES 或 NO ？

　　小龜們雖然需要天然的飲食，不過人工餵養的食物種類有限，難免營養不均衡，這時就可以用飼料做為小龜們的營養補充劑，也可另外補充維生素、鈣粉、免疫增強劑，而飼料也必須當成補充品給予。

　　不過，假使以為小龜們「只吃飼料就好」，那就大錯特錯囉！飼料雖然方便，但完全飼料的飲食對小龜們來說是相當不健康的，因為這意味著小龜們的營養來源單一，是偏食的症狀喔！建議飼主勿完全依賴飼料，平日的飲食仍需以小龜習慣的天然食物為主，飼料為輔。

　　不過，有些雜食性小龜的食物來源取得不易，或是有些小龜從小就已養成依賴飼料的習慣，已無法適應一般的飲食，又該怎麼辦呢？此時建議飼主們可以多準備幾款不同品牌的飼料，讓小龜們可以攝取各種營養素，來避免營養來源過於單一的問題而影響健康。

是否餵食飼料常是新手飼養烏龜時面臨的難題。

烏龜的飼育器材

要如何為烏龜布置出適合的活動環境呢？市面上養龜的器材琳瑯滿目，究竟哪些器材適合自己的龜呢？以下各項器具的介紹，將帶你一一了解這些器具的功用。

爬蟲缸：可用玻璃缸、整理箱

一般來說，澤龜科或陸龜科的幼龜，建議最好還是讓牠們在固定範圍內活動，因此最好要準備爬蟲缸，其材質有壓克力、一般玻璃、強化玻璃等，飼主可依預算來選購，大小通常從 1 呎到 6 呎不等，只不過玻璃缸一般而言重量較重，搬運過程也較麻煩，因此若烏龜體型不大，也可以較輕、較易搬運的整理箱、塑膠收納箱替代。

至於爬蟲缸的大小，最好在烏龜身體面積的十倍以上，才不易造成緊迫。

過濾器材

若飼養澤龜，水箱就需要過濾設備，其主要功能在於過濾水中的雜質，並同時淨化水質，市面上水質過濾器材繁多，一般常見的有：

1. 上部過濾器：效能最佳、清洗容易，但較佔空間，且聲音較大，只適合 3 呎以上的大型缸。

2. 桶型過濾器：過濾效能尚可，安靜且較美觀，然價格高，且不易清洗，適合 2 呎以上的水缸。

3. 外掛過濾器：美觀、安靜，擺置方便，但過濾效能較差，不易清洗，只適合小型缸。

4. 濾材：濾材主要是讓過濾器可過濾雜質，因此會放置在過濾器中，一般可分為：

 （1）**濾棉**：一般多為白色，故又稱白棉，白棉的功能是吸附水中排泄物及未食用完的飼料等雜質，建議每天都要檢查濾水器中的濾棉，髒了立刻就要換。

 （2）**生化棉、生化槽等**：一般多為綠色或藍色，若飼養鱉、豬鼻龜這類對水質較為敏感的龜鱉，建議要加生化棉、生化槽等過濾濾材，營造牠們原生的環境狀態，會讓牠們比較健康。

保溫器具

1. 紫外線燈具與保溫燈：如果烏龜接觸日光的時間不多，建議在烏龜的缸中準備兩盞燈，一盞為紫外線燈，可做為日燈用，使光能與熱能兼具，另一盞可為夜燈，只提供熱能，而不會發出光照擾亂烏龜的生理時鐘，建議使

在保溫器具中，最重要的是保溫燈的設置。

用紅色燈泡或陶瓷加溫器。

2. 溫度計：要準備兩支溫度計，一支放在缸中溫度最高之處；一支放在陰涼之處，兩者的溫度差距不能大於十度。

3. 電子溫控設備：若預算足夠，可加置電子溫控設備，方便掌控缸中溫度。

4. 保溫墊：冬季時，若氣溫較低可使用保溫墊為陸龜提供額外熱能，但要注意放置面積不要超過飼養箱的一半。

底材

若養殖陸龜，可使用白報紙、磁磚反面較粗糙的部分做為底材，在幼龜時期，也可鋪上塑膠浴室踏墊或人工草皮或乾牧草，若使用木塊及木屑或是小石子，要小心誤食的狀況。

遮蔽物

無論澤龜或陸龜，建議都要設置一個可使烏龜們暫時遮蔽的棲身之處，若活動環境中完全沒有隱蔽空間，烏龜會容易緊張不安，因此最好還是有小屋、樹洞等場域，讓牠們暫時棲息。

提供人工草皮與遮蔽物，除了能暫時棲息以外，還能避免烏龜緊張不安。

其他器材配置注意事項：

1. 腹甲大於 25 公分的陸龜，不建議養在缸中，最好還是以半戶外、甚至 戶外為主，提供較充足的活動空間。

2. 配置陸龜的環境時，可準備淺水盆，做為烏龜飲水、泡澡之用。

3. 配置澤龜的飼養環境時，底材愈單純愈佳，裸缸也可，切勿放水草、 或是配置過多的石頭做為底材，因為這些底材不易清理，若滋生細菌， 會影響水質，也容易引起誤食的問題。

4. 若無特別需要，儘量勿在水中置放加溫棒，因為若有漏電、加溫器異 常等狀況，容易發生水溫過高，或烏龜觸電致死的意外，故建議還是在 水面上置放加溫設備，如燈泡或陶瓷加溫器較不易發生意外。

5. 配置器材時，要加強電線的包覆，以避免烏龜啃咬而不慎發生觸電或 漏電的意外。

配置陸龜的環境時，可準備小水盆、水池，
做為烏龜飲水、泡澡之用。

腹甲大於 25 公分的陸龜，不建議養在缸
中，最好還是以半戶外或全戶外為主。

飼育環境的配置

飼養烏龜看似容易，但如果稍加不慎，就會大大地影響烏龜的健康，尤其是溫度、日照時間等等小地方，都需要特別留意。

溫度與溼度

一般來說，溫度對於龜的健康非常重要，因為其新陳代謝所需的體溫是由外界提供，大多數的池龜理想飼養溫度在攝氏25至30度，陸龜適合的溫度範圍更大，可以設置在攝氏20至45度之間。

溫度與溼度對烏龜的健康非常重要。

在人工飼養的狀況下，飼主都需要提供烏龜熱源，不論是自然熱源如陽光，或是人工熱源如燈泡、陶瓷加溫器等等皆可，而若欲用人工熱源為烏龜加溫，一般不建議由底部加溫，因為這會違反烏龜原本的生理狀況（龜的腹部溫度比背部溫度低）。

至於該如何決定飼養環境的溫度呢？建議飼主要以飼養環境的大小來評估，若將烏龜養在水箱中，水箱中最熱的溫度與最冷的溫度（即溫度梯度）最好不要超過攝氏10度。

溼度的控制對水生龜而言，雖然不是那麼重要，但對某些陸龜而言卻是健康與否的關鍵，部分特定品種的陸龜，必須生活在相對溼度低於 50% 以下，才能降低呼吸道疾病的發生（例如豹龜），由於臺灣屬於海島型氣候，空氣較溼潤，若要飼養這一類的龜種，就要靠除溼設備才能克服了。

另外，某些雨林型陸龜則必須生活在相對溼度高於 70% 的環境，才能維持正常的代謝，讓皮膚及鱗片不易乾裂，例如紅腿象龜等，這樣的飼養要求也必須要有灑水噴霧的機器來輔助，才能提供適合的環境。

陽光的需求

對於大多數日行性爬蟲類來說，陽光就是命脈，因為它提供了熱源以及最重要的維生素 D_3 的合成，由於大多數的爬蟲類體內都沒有自行合成維生素 D_3 的能力，所以必須要經由陽光中所含的 UVB（波長介於 290nm ～ 315nm），來輔助維生素 D_3 的合成。而除了少數完全水生的品種外，所有的烏龜都缺乏自行合成 D_3 的能力，因此日照是飼養時所必須考量的要件。

而假使飼主無法提供自然日光給烏龜們，那就必須提供可以產生 UVB 的產品，例如爬蟲專用的紫外線燈具。

只不過要注意的照明時間長短，有些飼主開啟紫外線燈具的時間過

長，若烏龜接受紫外線照射超過 12 小時，就容易情緒緊張，且擾亂牠們的生理週期，並影響生長激素的分泌而造成反效果，因此建議飼主將烏龜每日的光照週期，設定在 8 至 12 小時為佳。

飼養環境的配置

　　飼養箱或圍欄的面積大小，必須視龜數目而定，一般來說一隻龜所需要的飼養環境面積，其長與寬須大於龜體的 10 倍（若為水生龜種，則還要再加上水深高度），才是適當的空間。

　　半水棲的池龜種，必須要有半水半陸的棲息環境，若提供牠們全水的環境，可能會造成溺斃。而無論半水生或全水生的龜種，能每日換水維持水質是最好的，對這些半水生與全水生的龜而言，水質穩定是牠們健康的關鍵，最好能提供完整水缸過濾系統，以及水質穩定裝置，如 pH 值的監控等等，才能守護牠們的健康。

　　至於陸龜的飼養環境，則必須留意是否有充足的陽光，或是替代式紫外線設備，且還要有熱源（如聚熱燈或是陶瓷加溫器），以及適當的遮蔽物，能讓牠們有個陰涼處休息，也需設有淺水盆讓牠們泡水降溫。

　　另外，也建議飼主最好加裝防止烏龜過度向上爬行的光滑圍欄，以預防烏龜翻身卻翻不回來的意外。這是因為陸龜性格比較活躍，常常攀爬周邊圍欄導致翻覆而腹部朝上，但有時可能會因為體力較差或體型太

胖無法翻回，此時若遭太陽照射或是燈源照射，就有可能熱衰竭而死亡，因此若能在圍欄周圍加上光滑的材質（塑膠板、壓克力、甚至玻璃），就能有效避免這類「慘案」發生。

全水棲的飼養環境配置

飼養缸的大小因個體與種類而異，有些品種需要較大的活動空間，例如活力較強的豬鼻龜等；相對的有些種類不需要這麼大的環境，例如較喜好棲底休息的屋頂龜等。提供適當水深也相當重要，建議水深約為龜體 8 至 10 倍的身體厚度，並放置可以供其上岸休息的階梯石島或浮島以避免溺水。水質的維持設施也相當重要，若是水域空間大，水容量大，建議使用完整的過濾系統，而飼養於室內陽光不足者，建議因龜種的紫外線需求量提供額外的 UVB 燈具。環境的加溫不建議使用水中加溫棒，因為水的溫度必須維持相對接近室溫，可以使用由上方加溫的保溫聚熱燈、紅外線聚熱燈、陶瓷加溫器等。

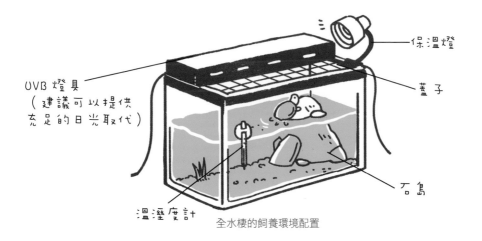

全水棲的飼養環境配置

半水棲的飼養環境配置

　　這類型的龜種因種類不同，對水的依賴度也不同，必須先了解種別差異後再進行環境的配置。陸地與水域的比例因種類而異，一般最好能將環境簡化以利整理與消毒，所以陸地方面不建議使用細紗或是小石子，最好使用大顆的扁形岩石，或使用商品化的塑膠龜島。若是對水依賴度小於 50% 的種類，建議給予「水池」方式的水域，利用深淺適當的水盆，配合岩石或是其他地形造景，讓龜可以在水域自由進出，並且提供遮蔽處所。保溫的設施建議使用上方加溫燈具，配合爬蟲類專用紫外線燈具輔助。另外，於室外半開放的陽台或是遮蔽充足的庭院配合水池飼養，對於這類龜種也是不錯的選擇。

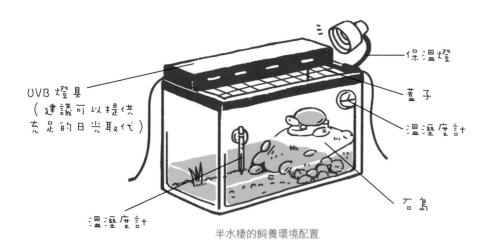

UVB 燈具
（建議可以提供充足的日光取代）

保溫燈

蓋子

溫溼度計

石島

溫溼度計

半水棲的飼養環境配置

全陸棲的飼養環境配置

通常全陸棲龜種多為陸龜，而陸龜的活動範圍相較之下就相當的大，室內飼養的空間面積至少必須為龜體長的 10 倍乘以 10 倍。有別於水生龜種飼養箱多為「玻璃製品」，陸龜的飼養較多樣性，專業飼主一般都會自己訂製圍欄或是飼養箱，多半為木製品，優點是可以有較大的環境，而且較輕便，不像玻璃製品較笨重，但是消毒清潔就比較不方便。底材建議以方便清理為首選，例如塑膠腳踏墊、人工草皮、粗面瓷磚等等，這些可以配合底下鋪報紙來方便清理，踏墊與磁磚在清洗上也不成問題。

很多飼主偏好用木屑、木塊、爬蟲砂等等來當底材，但這類物品容易造成誤食，也容易藏汙納垢不易清理，所以建議謹慎使用。另外也可選用兔子的乾牧草來當底材，方便清理，也不會有誤食引起疾病的風險。陸龜所需的自然陽光、紫外線 UVB 相當的高，所以建議可以在白天時半戶外飼養，以獲得足量的日照，但是環境中的水盆以及遮陰必須足夠，並且要避免有「可攀爬障礙物」造成翻龜的危險。陸龜對溫度的要求更多，必須要小心溫差造成的問題，儘量讓溫度變化小於 8 度以內。

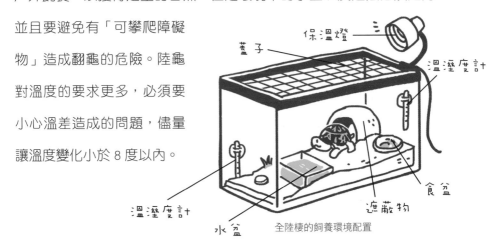

保溫燈

溫溼度計

蓋子

食盆

遮蔽物

溫溼度計

水盆

全陸棲的飼養環境配置

季節的影響

烏龜是變溫動物，由於其身體的熱能都由外在環境提供，因此牠們的生理機能受季節的影響較大，舉例來說，當天氣較熱時，烏龜都會比較亢奮，反言之，當氣溫較低時，牠們的活動力也會下降，甚至會進入冬眠的狀態，因此牠們的活動，與季節可是大有關係的喔！

春末夏初是烏龜發情的季節，一般來說，當日照由短變長時，烏龜就會開始出現發情、交配的現象，若有意讓烏龜配種，不妨善加利用此一季節。

而在夏季，烏龜都會變得活躍而亢奮，建議飼主直接讓烏龜曬一會兒太陽，就可讓牠們進室內休息，且不需再加開龜窩中的保溫燈，以免烏龜變得更亢奮而擾亂生理時鐘。

此外，夏季時烏龜的新陳代謝也會變得較好，食慾也會增加，因此排便的次數也會增加，而導致不易維持環境的清潔，建議此時一定要天天換水，維持烏龜居住環境的清潔，才不會使烏龜容易生病！

　　至於秋天，烏龜的代謝會由快逐漸變慢，而如果烏龜因交配而懷孕，此時也會產卵，隨著氣溫的降低，烏龜活動力愈來愈弱是正常的，飼主毋須過於擔心。

　　到了冬天，烏龜就會開始冬眠，若不想讓烏龜冬眠，就要加開保溫燈來提供牠們生理所需的熱量。

　　另外，雖然季節對龜的行為影響甚鉅，不過池龜、海龜因為有水溫調節之故，因此四季氣溫對牠們的影響，就不像陸龜等龜種的反應如此強烈了。

烏龜對於四季的溫度變化是十分敏感的喔！

小知識
2-2

冬眠的利與弊

該不該給烏龜冬眠？想必是所有小龜飼主的疑問，到底烏龜是否需要冬眠？讓牠們冬眠的好處又是什麼呢？以下就來告訴你烏龜冬眠的優、缺點與執行方法。

烏龜需要冬眠嗎？ YES ！

烏龜是變溫動物，而當外界環境持續呈現低溫時，許多烏龜都會進入冬眠狀態。尤其是歐系陸龜這類原生於中、高緯的品種，因當地冬季氣候嚴寒，所以大都有冬眠的習慣。

人工飼養的龜是否冬眠，取決於牠們的健康狀態！

當烏龜冬眠時，體內所有的新陳代謝會變得緩慢，只有心臟仍跳動，腎臟、肝臟有少許作用，至於其他如腸胃等器官，幾乎都會呈現「休眠」的狀態。至於冬眠的時間，則視環境溫度與烏龜品種而定，其冬眠期最長可以到三、四個月，最短的僅十至十五天。

在四季分明的地區，烏龜大概從入秋開始（約 10 月左右）就會有食

慾不振的狀況，而當烏龜即將進入冬眠的狀態時，會開始停止進食，只飲用水，這是為了要把體內的食物淨空，防止食物在腸道內腐化而滋生細菌，進而產生疾病死亡。待牠們準備好進入冬季後，就可以開始冬眠。

不冬眠，也可以！

臺灣的冬季比起中、高緯度的地區，並不算十分嚴寒，這使得小龜們不一定會進入冬眠的狀態，大多數的烏龜只是代謝變慢，活動力變差，只要溫度一提高，立刻就會恢復活動力，因此若飼主們能提供溫暖的飼育環境，烏龜是可以不冬眠的喔！

冬眠的優點

不過，根據部分飼主的經驗，烏龜冬眠能增進牠們求偶繁殖的能力，以北美陸龜為例，若使之冬眠，隔年牠們在求偶時不但比較活躍，所產下的卵存活機率也比較高，因此若飼主們想讓小龜來年在求偶、繁殖上有好的表現，也可以讓烏龜冬眠。

如何營造冬眠的環境

要如何營造烏龜冬眠的環境呢？若要使陸龜進入冬眠狀態，可為牠們準備冬眠用的水箱或木箱，在裡面準備 20 ～ 30 公分的厚土，並在土面上鋪上一些葉子，且每天逐量減少燈光的照射時間，讓溫度變低，陸龜自然就會冬眠了。

至於澤龜，則可讓牠們直接在水箱中進行冬眠，至於水的深度要視

品種而定，此時飼主換水次數可以減少，儘量別打擾小龜們的美夢！

烏龜冬眠的注意事項

　　要提醒飼主的是：烏龜冬眠也是有風險的喔！在冬眠的期間，若烏龜體內熱量不足、或是心、腎臟功能異常、抵抗力太差等等，就有可能在冬眠中死去。根據專家統計，大約有 25％左右的烏龜會在冬眠中「常眠不醒」，死亡率不低呢！

　　因此，建議飼主在烏龜進入冬眠前，最好能為烏龜做個全身健康檢查，若烏龜身體狀況欠佳、或有體重減輕、營養不良的狀況，最好不要讓小龜冬眠；而若冬眠的時間超過一個月以上，每隔十至十五天也要檢查小龜的身體狀況喔！

　　而待要喚醒烏龜時，其實只要提高箱內的溫度就可以了，只是要切記，回溫時的速度要緩慢，最好是每天逐量增加木箱或水箱內的溫度，切忌迅速回溫，否則小龜可能會適應不良而生病或死亡喔！

不適合冬眠的龜種

　　由於自然界中，較高緯度的爬蟲類才會有冬眠行為，所以如果原產地來自熱帶、副熱帶的龜種，是不適合冬眠的，大多數臺灣原生龜種以及大多數陸龜等皆是。若是讓不適合冬眠的種類冬化，引起低體溫、腸蠕動不良，甚至造成肺炎、敗血症，所以建議要諮詢專家與醫師多方收集資料才是上策。

小知識
2-3

傑克森量表

在前文曾經提過，假使烏龜健康狀況不佳，最好不要使之冬眠，但要如何得知自家烏龜的健康狀況呢？如果你飼養的是陸龜，不妨參考由 Jackson 博士研究和設計的「傑克森量表」（Jackson Ratio）。

傑克森量表是以歐洲陸龜與赫曼陸龜的身長和平均體重的比率，來衡量牠們的健康狀況是否達到適合冬眠的最低標準。只不過傑克森量表僅適用於歐洲陸龜及赫曼陸龜，其他種的陸龜則不能以此作為參考。

測量方式

1. 以烏龜背甲長度（公釐）及體重（公克）的比率，再對照量表，以判斷該個體的健康狀況是否足以安度冬眠。

2. 可沿背甲正中線，測量頸盾至臀盾的直線長度。

3. 測量次數為每天一次，需連續十天，將此十天所測得的數據加以平均，即可得出一個數值，若測量結果其數值低於量表最下限，就不宜讓烏龜進行冬眠。

4. 在測量期間，飼主需留意烏龜是否飲水、排泄，或是母龜體內是否有卵等，否則會容易誤判喔！

測量陸龜長度與體重的方式

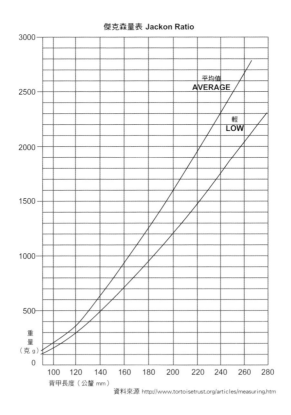

傑克森量表 Jackon Ratio

平均值 AVERAGE

輕 LOW

重量（克 g）

背甲長度（公釐 mm）

資料來源 http://www.tortoisetrust.org/articles/measuring.htm

小知識
2-4

外來種帶來的生態隱憂

在夜市裡，我們總能見到身形嬌小、模樣可愛的綠色小烏龜，可別被牠無害的模樣所誤導，其實牠們可是臺灣自然生態的小殺手。

巴西龜的身世

　　「巴西龜」是臺灣常見的外來種淡水龜，有多常見呢？根據專家指出，因為商業交易之故，每年都會有數十萬到百萬隻的巴西龜進口來臺[*1]。而臺灣為什麼會進口這麼多的巴西龜呢？除了像在夜市的金魚攤那般做為寵物用之外，宗教人士也常用巴西龜來進行「放生」的儀式。

　　巴西龜原名「紅耳龜」，原產地並非巴西，而是來自於北美密西西比河及格蘭德河流域。由於臺灣早期曾引進來自南美洲的南美彩龜作為寵物龜，但因成本過高，業者改以外形相似的紅耳龜（兩龜外形上的差別就在於紅耳龜上的紅耳）來代替，因此紅耳龜就取代了南美彩龜，並繼續被稱為「巴西龜」而沿用至今。

「巴西龜」是臺灣常見的外來種淡水龜，小時候身形嬌小、模樣可愛，但是長大後體型也會相對變大且有攻擊性，造成很多人會棄養巴西成龜。

繁殖力強大的外來種

由於巴西龜長大後，模樣已不再可愛，加上性情兇猛，甚至會咬傷飼主，因而棄養的情況十分常見；此外，宗教在進行放生儀式時，其放生的龜少則十幾隻、多則至上百隻。當巴西龜挾著本身的生長優勢大量繁殖時，就可能壓縮臺灣原生龜的生存空間，也可能影響臺灣自然生態環境的平衡。

目前臺灣的淡水龜鱉，除了外來的巴西龜之外，還包含中華鱉、食蛇龜、柴棺龜 （黃喉擬水龜）、金龜、斑龜這五種原生龜，大體而言，原生龜因生長環境比較單純，所以並未演化出強大的繁殖力，且在適應環境的能力上，也較巴西龜弱，因此當這些原生龜的棲地遭受破壞時，其繁殖力就會下降。以斑龜為例，母斑龜原本偏好在近水的沙地上產卵，但由於河川整治，母斑龜只好被迫改在靠近水邊的裸露沙地上產卵，結果這些龜卵往往就因為雨季之故而被淹沒，大大降低了斑龜的存活率[2]。

反觀巴西龜，只要四到五年即可達性成熟產卵，又喜歡在離水較遠、地勢較高的泥巴地產卵，幼龜的存活率比斑龜大為提高，再加上母巴西龜每年可以產下一到五窩的蛋，所以族群便可快速擴張。

別成為破壞生態的幫凶

雖然到目前為止，並未有直接證據指出巴西龜的擴張會侵害其他的原生龜，不過由於巴西龜屬雜食性龜種，獵食範圍十分廣泛，連淡水魚蝦、蛙卵等動物，也都成為被獵捕的對象[3]，近幾年來還出現原生龜與巴

西龜雜交的現象，若繼續放由牠們漫無止盡地繁衍，對生態的影響恐怕超乎我們的想像。而近幾年來南美、韓國等地都已立法禁止巴西龜的輸入，雖然臺灣尚未跟進，但至少我們可以做到不隨意買賣、不棄養、不放生，這也是為臺灣的自然生態，盡一己之心力喔！

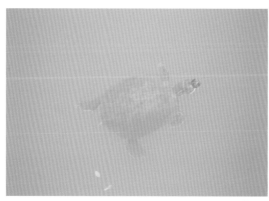

在國內很多地方都可以看到大量民眾棄養或隨意放生的巴西龜，嚴重影響到當地的生態環境。（此圖為台中公園拍攝）

參考文獻

〈褪色的綠寶石：巴西龜〉／呂軍逸（原文網址：http://e-info.org.tw/node/71190）

〈【臺灣外來種】巴西龜，沉默的生態入侵〉／楊駿北（原文網址：http://www.rhythmsmonthly.com/?p=7192）

〈臺灣龜主題館：外來種專區〉／陳添喜（原文網址：http://www.iae.ntou.edu.tw/cuora/turtleweb/IAS.html）

---

*1 此數據出自於〈褪色的綠寶石：巴西龜〉一文。

*2 此例出自於〈【臺灣外來種】巴西龜，沉默的生態入侵〉一文

*3 此一說出自於〈【臺灣外來種】巴西龜，沉默的生態入侵〉一文

烏龜品種圖鑑簡介

忍者龜（黃頭側頸龜）

學名：Podocnemis unifilis
英文名：Yellow-Spotted Side-necked Turtle
別稱：猴頭龜
科別：側頸龜科
攻擊性：○ ● ○
水棲，雜食

分布：南美洲奧理諾科河流域、
亞馬遜河流域

黃頭側頸龜的背甲平均可達 45 至 60 公分左右，最長則可達 68 公分，其最大的外觀特徵，在於牠們的頭部有黃色斑紋，且斑紋會隨著個體的成長而日益醒目。

黃頭側頸龜喜歡棲息在熱帶河川流域，捕獵魚類為食。由於牠們可拿來觀賞與食用，所以經濟價值高，曾一度被過度捕獵，因此已被列入保育類動物名單中，後來經過多年的復育計劃，目前已能人工飼育，不過在原棲地中，盜獵的狀況仍然十分普遍。

黃頭側頸龜的頭部黃色斑點特寫。

楓葉龜（瑪塔蛇頸龜）

學名：Chelus fimbriatus
英文名：Matamata Turtle
別稱：枯葉龜
科別：蛇頸龜科
攻擊性：○ ○ ●
水棲，肉食

分布：亞馬遜河流域、
　　　奧理諾科河流域

　　楓葉龜的背甲最大可達 45 公分，顏色呈黃褐色或棕色，且其邊緣為圓形鋸齒狀，乍看像秋天的楓葉，因此常被稱為「楓葉龜」。他們大多棲息在熱帶河川流域，以水中的無脊椎動物、魚類為食。值得一提的是，楓葉龜喜歡久坐不動，通常都以守株待兔的方式來捕食獵物，不過捕食的過程動作卻又十分迅速，是河川中成功的獵食者。

食蛇龜（黃緣閉殼龜）

學名：Cuora flavomarginata
英文名：Yellow-margined Box Turtle
科別：地龜科
攻擊性：○ ○ ●
陸棲，雜食

分布：日本西表島、石垣島、中國
南方、臺灣本島低海拔地區

食蛇龜的背甲呈黑褐色，最大可達 18 公分，由於食蛇龜腹板有橫向的韌帶，故可使前後的腹甲與背甲閉合，因此有「閉殼龜」之稱。

食蛇龜主要棲息於丘陵、林木底層、溪流旁等，以昆蟲、蚯蚓、蛙、魚、蕈類、蔬菜水果為食，除此之外，食蛇龜在中國是相當受到歡迎的食用龜，也是臺灣地區目前唯一的陸棲性淡水龜。

當食蛇龜縮進殼中時，前後腹甲與背甲可以同時閉合，因此又有閉殼龜的稱號。

柴棺龜（黃喉擬水龜）

學名：Mauremys mutica
英文名：Asian Yellow Pond Turtle
別稱：黃龜、水龜、材棺龜
科別：地龜科
攻擊性：○ ○ ●
半水棲，雜食

分布：中國南部、越南北部、臺灣、日本琉球群島

柴棺龜的背甲最大可達20公分，且呈黃褐色，兩側較圓滑，稜脊較不明顯。頭頂呈淺橄欖色或灰黑色，眼後方有一黃色細縱帶。

柴棺龜多在夜間活動，大多棲息於湖泊、溪流、溝渠中，以小蝦、水生昆蟲、魚、青菜及水果為食。

柴棺龜動作較緩慢，一般來說都用以觀賞居多。

柴棺龜眼後方有一黃色細縱帶。

金龜（草龜）

學名：Chinemys reevesii
英文名：Reeve's Turtle
別稱：烏龜、臭青龜、金線龜
科別：地龜科
攻擊性：○ ○ ●
半水棲，雜食

分布：日本本州、四國、九州、
沖繩、朝鮮半島、中國長
江以南、臺灣金門

金龜的背甲最長可達 19 公分，兩側盾板各有一條稜脊，背甲上的盾片被黃色條紋包圍，故被中國人稱為「金線龜」；此外，由於牠們的四肢有臭腺，會分泌臭味，故也被稱為「臭龜」。

雖然金龜大多為黃褐色，但成年的公龜黑化較嚴重，因此也可能全身為黑色。

金龜一般棲息在河川、池塘、水田中，以水生植物、果實、昆蟲、魚類、蝦、蟹為食。目前，臺灣金龜因棲地被大量破壞，已有減少的趨勢。

龜甲上有黃色條紋。

幼龜與成龜的比較。

斑龜（長尾龜）

學名：Ocadia sinensis
英文名：Chinese Stripe-necked Turtle
別稱：中華花龜、花龜、青頭龜、臺灣龜
科別：地龜科
攻擊性：○ ○ ●
水棲，雜食

分布：中國南部及海南島、臺灣、
越南中北部、寮國北部

斑龜的背甲最大可達 25 公分，且多為黑褐色，其頸部、四肢、尾部都有黃綠色的縱向細紋。

斑龜主要棲息在平緩的溪流、沼澤、池塘，以小型動物（如蚊蠅幼蟲、水蛭）、死魚、蚯蚓、植物嫩葉、花果等為食。

斑龜是目前臺灣最常見的本土池龜，然而近年來因棲地遭外來的巴西龜所侵占，使得生存空間逐漸縮小，數量也因而減少。

從頭部延伸至喉部的黃色條紋是斑龜的特色之一。

斑龜的長尾巴也是特色之一。

長頸龜

學名：Chelodina siebenrocki
英文名：Snake-Necked Turtle
別稱：蛇頸龜
科別：蛇頸龜科
攻擊性：○ ● ○
水棲，肉食

分布：澳洲、新幾內亞

　　長頸龜是目前世界上現存最古老的爬蟲動物之一。長頸龜最大的特色就在於牠堅固的甲殼與極長的頸部，所以牠們的頭部無法完全躲進甲殼，只能把頸部側折彎曲緊貼前肢才能勉強受到殼的保護。

　　長頸龜為水棲性龜種，四肢長有蹼，通常只有產卵期才會上岸。此外，長頸龜是肉食性龜種，主食為魚、蝦等水中動物。獵食活餌時，頭部會不停抖動瞄準，相當逗趣。

長頸龜的頭部無法完全躲進甲殼，只能把頸部側折彎曲緊貼前肢才能勉強受到殼的保護。

豬鼻龜（飛河龜）

學名：Carettochelys insculpta
英文名：Fly River Turtle ／ Pig-nosed Turtle
別稱：大洋洲豬鼻龜、豬鼻鱉
科別：兩爪鱉科
攻擊性：○ ○ ●
水棲，雜食

分布：澳大利亞北部、印尼和巴布亞新幾內亞

豬鼻龜的背甲最大可達 70 公分，顏色一般呈灰色或橄欖色，皮革有紋理，而牠們腳趾間也像海龜一樣有腳蹼。豬鼻龜因為鼻子看起來像豬而得名，別名雖然是「豬鼻鱉」，卻是唯一完全水棲的淡水龜類，除了產卵，其他時候完全在水生中活。

豬鼻龜大多棲息於大型河川、沼澤、河口的半鹹水域等，主要以蝦、貝為食，若人工飼養的狀況下，也可餵食海草，不過其個性較害羞，也易生病，照料需要花費較多心思。

豬鼻龜的鼻部特寫。

真鱷龜（凸背鱷魚龜）

學名：Macrochelys temminckii
英文名：Alligator Snapping Turtle
別稱：鱷龜、美國鱷龜
科別：鱷龜科
攻擊性：● ○ ○
水棲，肉食

分布：美國南部

真鱷龜的背甲最大可達 80 公分,長而厚,有三行大型的鱗脊,且呈灰色、褐色、黑色或橄欖綠色。此外,牠們喜歡棲息在河川、湖泊中。

真鱷龜主要以魚類為食,牠們會張開大口抖動口中的小舌頭充當假餌,靜靜等待獵物被其口中的小舌頭吸引而來,然後以迅雷不及掩耳的速度大口咬食。牠們的攻擊性非常強,也少有天敵,近年來又常有民眾棄養,所以也常在公園、水溝附近發現牠們。

真鱷龜會用口中的小舌頭充當假餌,獵食被吸引而來的獵物。

擬鱷龜（平背鱷魚龜）

學名：Chelydra serpentina
英文名：Common Snapping Turtle
別稱：假鱷龜
科別：鱷龜科
攻擊性：● ○ ○
水棲，肉食

分布：加拿大南部至中南美洲

擬鱷龜背甲最大可達 40～50 公分，呈橄欖色且表面粗糙，有著鉤形上喙，大多棲息於淡水和海岸附近。

一般而言，除了日曬或產卵，擬鱷龜很少上岸。牠們以魚、鳥、兩棲動物、爬行動物、腐肉為食，有時也會食用植物。

不同於真鱷龜，擬鱷龜會主動捕食，因此攻擊力也不可小覷。

 小知識　真鱷龜與擬鱷龜的外觀比較

從真鱷龜（左圖）與擬鱷龜（右圖）的背部圖片可以看出來，真鱷龜的背部凹凸起伏比較大，而擬鱷龜幾乎是平整的，且尾巴有巨大鱗片。

第三章　烏龜品種圖鑑簡介

麝香龜（刀背麝香龜）

學名：Sternotherus odoratus
英文名：Razor-backed Musk Turtle
別稱：剃刀麝香龜、刀背蛋龜、稜背泥龜
科別：麝龜科
攻擊性：○ ○ ●

水棲，雜食

分布：美國南部

　　麝香龜背甲長最長僅 15 公分，由於牠的背甲上呈棕灰色 ，每塊盾甲的邊緣都有一條尖銳的脊稜與十分明顯的豎稜，看起來像屋頂而得名。麝香龜的四肢及頭部呈灰色，有黑色的斑點，頸部也較長。牠們大多生活在有大量植被的地方，例如水流緩慢的池塘、溪流和沼澤，並以淡水蛤蜊、小龍蝦、蝸牛和各種昆蟲為食，由於牠的體積不大，因此受到許多人士所喜愛。

麝香龜每塊盾甲的邊緣都有一條尖銳的
脊稜與十分明顯的豎稜。

黑胸葉龜（地龜）

學名：Geoemyda spengleri
英文名：Black Breasted Leaf Turtle
別稱：長尾山龜、十二稜龜
科別：地龜科
攻擊性：○ ○ ●
半水棲，雜食

分布：中國南部、越南

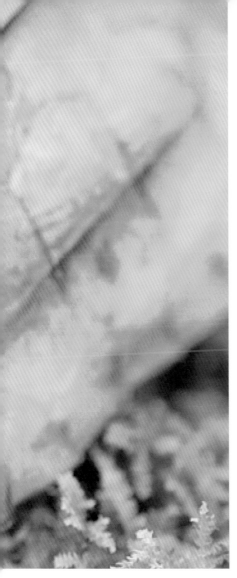

黑胸葉龜的背甲長最多僅 16 公分，呈扁平鋸齒狀，且有三條脊線，似葉片而得名。其頭部較小，且為淺棕色，眼睛大而突，外觀十分容易辨認。

黑胸葉龜喜歡棲息在水邊，但水位不得超過甲殼 2 倍的高度，常以植物、蚯蚓、昆蟲為食。

由於黑胸葉龜的外形相當獨特，因此很容易被捕捉，在原產地已經日漸稀有。

黑胸葉龜的甲殼有三條明顯的脊線。

太陽龜（東方多棘龜）

學名：Heosemys spinosa
英文名：Spiny Turtle
別稱：棘山龜、棘東方龜
科別：地龜科
攻擊性：○ ○ ●
半水棲，雜食

分布：東南亞各地

太陽龜的背甲最大可達 23 公分，甲殼上有尖棘，但是這些尖棘會隨著年齡漸長而磨鈍或消失，成年的會較幼龜圓滑。

龜殼多呈褐色，頭部及四肢呈灰褐色，牠們身體的顏色可以在葉堆中作為偽裝。喜歡棲息在海拔 900 公尺以下的河流或低地的山區森林，主要以植物為主、昆蟲及其他動物性蛋白質為輔。

太陽龜的背甲鋸齒特寫。

星點龜（星點水龜）

學名：Clemmys guttata
英文名：Spotted Turtle
別稱：斑點龜
科別：澤龜科
攻擊性：○ ○ ●
水棲，雜食

分布：美國東北部、
　　　加拿大東南部

背長最長僅 12.5 公分，黑色，但殼上有黃色、白色或橘色斑點，除了在甲殼上，頭部、頸部和四肢也會有斑點。雖然星點龜屬水棲，但上岸時間長，因此牠們大多生活在淺水，且水流緩慢的地方，如沼澤、泥塘、溼地、林地和潮溼的牧草地，飲食多半以蚯蚓、昆蟲、貝、蝦、水草等為主。

剛孵化的星點龜殼上就有斑點，在頭部與四肢也有斑點。

巴西龜（密西西比紅耳龜）

學名：Trachemys scripta elegans
英文名：Red-eared Slider
別稱：紅耳泥龜
科別：澤龜科
攻擊性：● ○ ○
水棲，雜食

分布：美國南部、墨西哥北部、
臺灣

巴西龜其背甲長約8至30公分，幼體有綠、黃、黑等鮮豔顏色。隨著年齡增長，個體會漸變為褐、綠、黑的顏色。其外眼角的部分有紡錘形的紅橘色斑紋，故又名「紅耳龜」，幼龜時期較不明顯。

喜歡棲息在河川、湖沼和溼地，以魚類、兩棲類、甲殼類、貝類、水草等為食。由於紅耳龜幼體常被作為寵物出口到世界各地，但因其成體後較不美觀，再加上食量大、具攻擊性，故常被飼主遺棄，並常因其強大的繁殖能力，而對當地生態造成重大危害，已成為最危險的外來入侵物種之一。

紅耳朵與長趾甲都是巴西龜的特徵之一。

黑瘤地圖龜

學名：Graptemys nigrinoda
英文名：Black-knobbed sawback Turtle
別稱：鋸齒龜
科別：澤龜科
攻擊性：○ ● ○
水棲，雜食

分布：美國阿拉巴馬洲、密西西比州

　　黑瘤地圖龜的背甲最長可達 19 公分（雄性僅 10 公分），是一種比較中小形的水生龜，其特點為背甲上有突出的黑色尖鋒而得名，此外，牠們的背甲邊緣呈鋸齒狀，故又名「鋸齒龜」。

　　黑瘤地圖龜皮膚呈淺灰色，頭部較小，值得一提的是，母龜與公龜的體型比例往往可大到兩倍以上。

　　牠們喜歡棲息在河川中，以貝類、昆蟲為食，而若人工飼養，可以紅蟲、蚯蚓、青菜為食。

黑瘤地圖龜的幼龜，背甲邊緣的鋸齒特色還不明顯。

歐洲澤龜

學名：Emys orbicularis
英文名：European Pond Turtle
別稱：歐洲池塘龜、圓龜、圓形池龜
科別：澤龜科
攻擊性：○ ● ○
半水棲，雜食

分布：非洲西北部、歐洲、
伊朗北部

歐洲澤龜的背甲最大可達 12 ～ 25 公分，其甲殼、頭部、四肢，均有白色細小斑點。歐洲澤龜的腹甲上有韌帶，可以閉合背甲。

此外，公龜眼睛為紅色，尾粗且長；母龜眼睛為黃色，尾短且細。牠們喜歡棲息在有豐富水草的河川、湖泊、池塘等溼地，常以蚯蚓、貝類、魚類、蛙類為食。

歐洲澤龜的身上有白色細小斑點特徵。

卡羅萊納箱龜—東部箱龜

學名：Terrapene carolina carolina
英文名：Eastern Box Turtle
科別：澤龜科
攻擊性：○ ○ ●
半水棲，雜食

分布：加拿大、美國東部、
墨西哥

卡羅萊納箱龜的特徵在於其甲殼拱起、具有大型可摺疊的腹甲能將其整個身體都縮在殼內，因此被稱為箱龜。背甲最長可達 18 公分，其甲殼和表皮顏色則視各亞種（目前有六種）而定，如灣岸箱龜呈深灰色，花紋呈點狀或條狀；而沙漠箱龜則偏棕色花紋，且會隨成長淡化。

然而這些特徵並非每隻都有，因此在外觀上不易辨認。一般多棲息在草原、森林中（有的亞種如灣岸箱龜會較親水）以植物、昆蟲為主要食物。

箱龜依照品種不同，特色也都不同，不易辨認。

第三章 烏龜品種圖鑑簡介

卡羅萊納箱龜—三趾箱龜

學名：Terrapene carolina triunguis
英文名：Three-toed Box Turtle
科別：澤龜科
攻擊性：○ ○ ●
半水棲，雜食

分布：加拿大、美國東部、
墨西哥

卡羅萊納箱龜後肢有三或四個趾，只有三趾箱龜多為三趾，故而得名。大多數雄性成龜頭部會呈現鮮紅色澤，在箱龜中屬於比較容易分辨的特徵。

三趾箱龜在臺灣寵物市場較為常見，在各種箱龜亞種中屬於比較耐旱，活動範圍較大，對環境的適應力也不錯的理想入門龜種，但還是有人比較偏愛東部箱龜的背甲花紋，可以說各有擁護者。

三趾箱龜多為三趾，大多數雄性成龜頭部會呈現鮮紅色澤，在箱龜中屬於比較容易分辨的特徵。

星龜（印度星龜）

學名：Geochelone elegans
英文名：Indian Star Tortoise
科別：陸龜科
攻擊性：○ ○ ●
陸棲，草食

分布：印度、巴基斯坦、
斯里蘭卡

星龜背甲最大可達 25 公分，呈黑色，並有黃色的放射星狀條紋（腹甲亦有），黃黑相間的顏色使牠的外形十分獨特美觀。星龜喜歡棲息在灌木叢林、沙漠邊緣的乾燥區，以草、植物果實、花、葉及肉質植物，是近年來相當受歡迎的寵物龜種。

小知識 緬甸星龜與印度星龜飼養上的不同

緬甸星龜與印度星龜是截然不同的兩個品種，棲息地差異當然不同。印度星龜喜好高溫乾燥環境，對食物中水分需求高但是蛋白質需求低；相對的緬甸星龜喜歡中低溫，稍偏潮溼的棲息地，如果不慎把緬甸星龜養在高溫環境，他們常常會中暑脫水死亡，食物上雖然以低蛋白植物為主食，但是可以少量補充蛋白質。

緬甸星龜

學名：Geochelone platynota
英文名：Burmese Star Tortoise
別稱：土陸龜
科別：陸龜科
攻擊性：○ ○ ●
陸棲，草食

分布：僅產於緬甸西南方

緬甸星龜的母龜背甲最大可達30公分，公龜體型較小，背甲平均約18公分左右，牠與印度星龜一樣，背甲亦有放射狀條紋，其腹甲多呈鵝黃色。牠們喜歡棲息在灌木林和草叢地，以植物為主食，由於緬甸星龜數量原本就較稀少，再加上棲息常遭受到破壞，野生數量已急遽減少，目前臺灣已成功人工培育出緬甸星龜，對保育也盡一分心力。

 **緬甸星龜與印度星龜的外觀分辨**

緬甸星龜與印度星龜外觀上最大的差異是在甲殼的花紋，緬甸星龜的背甲椎盾（正中央那一排）的放射狀黃色花紋只有六條線，而且絕對不會有其他變化，相對於印度星龜的花紋有非常大的變化，印度星龜的椎盾花紋可以是4條線甚至有些可以呈現10條線的花紋；而腹甲的部分，緬甸星龜腹甲會是非常規則的對稱塊狀黑斑，但是印度星龜就不一定了，大多數的印度星龜腹甲斑紋也都是不規則的花紋，可看見五花八門的線條。

靴腳陸龜—黑靴陸龜

學名：Manouria emys phayrei
英文名：Burmese Black Giant Tortoise
別稱：六腿陸龜、六爪龜、六足龜
科別：陸龜科
攻擊性：○ ○ ●
陸棲，草食

分布：印度西部、越南南部、馬
來半島、蘇門答臘島

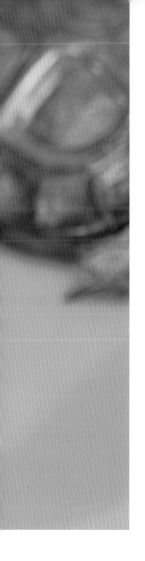

靴腳陸龜有兩個常見的亞種，一為棕靴陸龜，二為黑靴陸龜，前者體色為棕色，後者則比前者體型大（體色接近全黑）。黑靴陸龜背甲長約在 40 ～ 70 公分，是亞洲最大的陸龜，據說是中華文化裡四神獸中玄武的烏龜原型。

靴腳陸龜的甲殼形狀較寬平，前肢的外側有巨大的鱗片，大腿上有瘤狀鱗片。一般多以植物為食，牠們喜歡棲息在潮溼的熱帶雨林，尤其喜歡在溪流附近活動，牠們較無法適應乾旱的環境，因此飼養時需要保持較涼爽的溫度和較高的溼度。

 小知識　**靴腳陸龜的特色**

靴腳陸龜顧名思義就是有著像「靴子」的後腳，其後腳的鱗片特化成增厚的腳跟，看似穿著一雙高筒的靴子。這樣的構造可能是為了克服環境地形以及挖掘洞穴有關，但實際功能不明。除了後腳的鱗片有特色外，尾巴以及泄殖腔兩旁由鱗片特化而成的大型「刺」也是相當具有特色的，看起來像是多了兩隻腳，也因此而被稱之為「六足龜」。

靴腳陸龜──棕靴陸龜

學名：Manouria emys emys
英文名：Asian Brown Tortoise
別稱：六腿陸龜、六爪龜、六足龜
科別：陸龜科
攻擊性：○ ○ ●
陸棲，草食

分布：印度西部、越南南部、馬來半島、蘇門答臘島

棕靴陸龜與黑靴陸龜同為靴腳陸龜的亞種，生活習性大同小異。分辨方法並不是從腳的顏色來分別，而是從大小與腹甲來分辨（請參考本篇的小知識）。

此外，野生環境中的靴腳陸龜在產卵時會有築巢的行為，牠們產完蛋後會將附近的樹葉、小樹枝、泥土匯集成一個小土堆，然後母龜會有類似守巢的行為，這是一般龜類很少見的動作。

小知識　從腹甲分辨黑靴陸龜與棕靴陸龜

黑靴陸龜（左圖）的腹甲相連，棕靴陸龜（右圖）剛好相反，腹甲沒有相連，這是分辨兩者不同的方法。

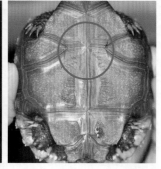

黃頭陸龜（緬甸陸龜）

學名：Indotestudo elongata
英文名：Elongated Tortoise
別稱：黃頭象龜
科別：陸龜科
攻擊性：○ ○ ●
陸棲，雜食

分布：中國廣西、印度北部、
尼泊爾、緬甸、馬來半島

黃頭陸龜背甲最大可達 33 公分，呈綠黃色，且有不規則的黑色斑塊。黃頭陸龜最突出的外形特徵，在於頭部呈淡黃色，而當進入繁殖期時，成年的陸龜眼睛及鼻孔都會出現粉紅色的色澤。

牠們多棲息於熱帶或亞熱帶的丘陵、森林中，喜歡較溼潤的環境，主要以植物或蝸牛等小昆蟲為食，而黃頭陸龜的性格十分溫和，體型亦不大，十分適合初入門者飼養。

黃頭陸龜的頭部呈淡黃色，背甲有不規則的黑色斑塊。

輻射龜（射紋龜）

學名：Astrochelys radiata
英文名：Radiated Tortoise
科別：陸龜科
攻擊性：○ ○ ●
陸棲，草食

分布：馬達加斯加南部、
法屬尼旺島、模里西斯島

輻射龜的腹甲最大可達 40 公分，且較高圓，故其身軀呈球形，輻射龜因背甲每一個板塊有從中心發出的黃色輻射線而得名。

其棲地大多為森林、林地中，多以水果、多汁的果實為食，尤其喜歡食用仙人掌，然而由於近年來輻射龜棲息地被大量破壞，加上人類的偷獵，目前已瀕臨絕種。

另一種輻射花紋的輻射龜。

豹龜（豹紋陸龜）

學名：Stigmochelys pardalis
英文名：Leopard Tortoise
科別：陸龜科
攻擊性：○ ○ ●
陸棲，草食

分布：非洲

豹紋陸龜一般來說體長平均都有46公分以上，最長甚至有100公分的紀錄，牠是世界上第四大的陸龜龜種。世界上前五大陸龜分別是：加拉巴哥象龜、亞達伯拉象龜、蘇卡達象龜、豹紋陸龜、靴腳陸龜之中的黑靴腳亞種。

豹紋陸龜的背甲呈高圓頂狀，有隆背的情況，且常有黑色斑點及黑色條紋。

牠們喜歡棲息在半乾旱的草原地區，不過有時也能在潮溼的地區生存，以草葉類、仙人掌為食。

豹紋陸龜的幼體與成體比較，體型相差可以到25倍以上，飼養前一定要先評估了解。

蘇卡達象龜（盾臂龜）

學名：Geochelone sulcata
英文名：African Spurred Tortoise
別稱：非洲刺龜、蘇卡達陸龜
科別：陸龜科
攻擊性：○ ○ ●
陸棲，草食

分布：非洲中部的半乾旱地區
（撒哈拉沙漠邊緣地帶）

蘇卡達象龜是僅次於加拉巴哥象龜、亞達伯拉象龜的大型陸龜，成體的蘇卡達象龜背甲最長可達 80 公分以上，顏色呈黃褐色，腹甲則呈黃色或乳黃色。牠們喜歡棲息在熱帶草原上，多以多肉植物、水果、黃綠色蔬菜、豆類等植物為食。由於蘇卡達象龜生性活潑、活動力強，近幾年來已成為熱門的寵物龜，不過由於牠需要較大的空間活動，因此需要較大的飼養環境。

小知識　蘇卡達象龜和靴腳陸龜的刺狀鱗片比較

蘇卡達象龜（右圖）以及靴腳陸龜（左圖）的後肢與泄殖腔兩旁的刺狀鱗片外觀上很相似，但是靴腳陸龜的特徵較為明顯，而且後腳的腳跟鱗片也發達許多。

亞達伯拉象龜

學名：Geochelone gigantea
英文名：Aldabra Giant Tortoise
別稱：大象龜
科別：陸龜科
攻擊性：○ ○ ●
陸棲，草食

分布：非洲塞席爾共和國亞達伯
拉群島

亞達伯拉象龜體型龐大，成體的腹甲最大可達 120 公分，顏色多為棕色或棕褐色，背甲形狀也較高圓。由於牠皮膚上的鱗片和腳與大象十分類似，因此被稱為大象龜，以草葉、植物根莖、水果、蔬菜為食。

亞達伯拉象龜適應環境的能力強，因此在草原、灌木叢、紅樹林沼澤及海岸沙丘等地都能生存。

亞達伯拉象龜的幼龜看起來小小的很可愛，但是成體需要很大的生活環境，飼養前請先做自我評估。

餅乾龜（薄餅龜）

學名：Malacochersus tornieri
英文名：Pancake Tortoise
別稱：非洲軟甲陸龜、扁陸龜、東非薄餅龜、石縫陸龜
科別：陸龜科
攻擊性：○ ○ ●

陸棲，草食

分布：非洲肯亞、坦尚尼亞

餅乾龜的背甲最長可達 20 公分，外形上最大的特徵，在於牠們扁平的外殼，盾甲上會有黃色的放射紋。

另外，餅乾龜的甲殼較輕，利於快速移動，還可以用呼吸使甲殼膨脹。這種特技能幫助餅乾龜快速躲進石縫之中，並膨脹身體以卡住石縫，避免被掠食者獵捕。

餅乾龜棲息在半乾旱的叢林、林地或沙漠地區，喜以植物、水果為食。由於餅乾龜繁殖率低，再加上棲地常被破壞，因此數量正不斷減少，目前已有國家（如肯亞）禁止該龜種的出口。

從側面可以明顯看出薄餅龜的龜殼薄度。

紅腿龜（紅腿象龜）

學名：Geochelone carbonaria
英文名：Red-footed Tortoise
別稱：紅腿、紅腳龜
科別：陸龜科
攻擊性：○ ○ ●
陸棲，雜食

分布：巴拿馬東南部、安第斯山脈北部、阿根廷北部的熱帶草原

紅腿成龜平均長度可達 30 ～ 40 公分，背甲多呈細長橢圓形且隆起，表面光滑，而在背甲上的盾甲中間為淺黃色，四周為黑色或深褐色。

此外，牠們的四肢及頭部的顏色會呈淺紅色至暗紅色，色彩相當鮮豔。一般來說多棲息於高溼度的草原、森林間，牠們以水果、花草、菌類、無脊椎動物等為食。目前紅腿龜由於棲地被破壞，再加上人類的捕食，在原棲地的數量已十分稀少。

紅腿龜的公母比例相差甚大，且成年的公龜有「葫蘆腰」的特色。

黃腿龜（黃腿象龜）

學名：Geochelone denticulata
英文名：South American Yellow-footed Tortoise
別稱：黃腿、黃腳龜
科別：陸龜科
攻擊性：○ ○ ●
陸棲，雜食

分布：中美洲、
　　　南美洲的熱帶區域

黃腿龜背甲最長可達 80 公分以上，呈茶色，盾甲中央部分為黃褐色。周圍則呈黑褐色，與紅腿龜一樣，其頭部與四肢都有著鮮豔的顏色。

其棲地亦為高溼度的草原、森林，由於黃腿與紅腿外形相似，棲地也重疊，因此在原棲地會有雜交的後代出現。

黃腿龜的幼體與成體在頭部與四肢上都有鮮豔的黃色。

歐洲陸龜

學名：Testudo graeca
英文名：Spur-thighed Tortoise
科別：陸龜科
攻擊性：○ ○ ●
陸棲，草食

分布：西班牙、摩洛哥、阿爾及利亞、突尼斯、利比亞

歐洲陸龜的背甲最大可達 15 ～ 20 公分左右，然而因其亞種眾多，因此背甲顏色變化大，從淡綠、橙褐都有，斑紋也從深褐色到黑黃色皆有可能。不過歐洲陸龜後肢的大腿背面上有棘，可以此特徵來分辨是否為歐洲陸龜。

喜歡棲息在乾燥溫暖的環境，但仍需提供遮蔭處。以花草、蔬菜為主食，較不容易消化蛋白質。一般而言，歐洲陸龜適應力佳，屬易飼養的入門龜種，但因臺灣氣候較潮溼，因此仍需注意溼度與溫度。

歐洲陸龜的後腳有棘，是分辨歐洲陸龜和其他歐係陸龜的方法之一。

緣翹陸龜

學名：Testudo marginata
英文名：Marginated Tortoise
別稱：飾紋陸龜
科別：陸龜科
攻擊性：○ ○ ●
陸棲，草食

分布：希臘、阿爾巴尼亞南部

　　緣翹陸龜的背甲最長可達 40 公分，是溫帶陸龜中體型最大的龜，其背甲呈深褐色至黑色（因褐色、黑色能迅速吸收熱能，有助於體內溫度的維持）。由於牠們的背甲邊緣會外翻翹起，故又有「緣翹」之名。

　　緣翹陸龜喜歡棲息在半乾燥地區，如叢木、山區、有岩石的林地等，對熱能的需求很大，人工飼養時需特別注意熱能的提供。牠們喜以花草、野菜為食（但幼龜有時可餵食小昆蟲）此外，飾紋陸龜發情時會攻擊其他烏龜，故較不適合混養，發情時最好馬上隔離。

緣翹陸龜成體的龜殼有明顯的外翻扇形開展，有如裙子一樣的翹起，十分特別。

第三章　烏龜品種圖鑑簡介

赫曼陸龜

學名：Testudo hermanni
英文名：Hermann's Tortoise
科別：陸龜科
攻擊性：○ ○ ●
陸棲，雜食

分布：南歐、東歐、巴爾幹半島、
土耳其

赫曼陸龜的背甲長從 20 ～ 40 公分皆有，有黑黃色花紋，其尾巴似爪，是歐洲最常見的寵物龜，喜歡棲息在陽光充足的草地與灌木叢，野生龜以花草植物、小昆蟲為主食，但在人工飼養環境下可以草食為主。

赫曼陸龜對環境的適應力佳，食量往往很大，性格也十分活潑，然而公龜在發情時容易攻擊母龜或其他公龜，因此最好在公龜發情時將之隔離，也儘量勿與其他龜種混養。

準備從蛋中孵化而出的赫曼陸龜。

赫曼陸龜的幼龜。

小知識
3-1

認識海龜

臺灣四面環海，有豐富的海洋資源，世界上僅存的八種海龜中，在臺灣附近海域就可以發現五種。

海龜為海生龜種，具有洄游性，根據資料顯示，他們除了產卵與孵化後是在陸地上，其他時間都不會上岸，海龜從幼體到亞成體之間的研究仍是個相當大的謎，只知道他們幼年折損率很高，從孵化一直到爬行至海中就有許多天敵以他們為食，所以他們每胎會產下數十甚至到上百顆卵來增加存活個體，而成年的海龜喜好在稍淺的海域活動覓食，交配也是在淺海域進行。

海龜身體構造與其他龜種有很大不同，像是前肢特化成鰭肢，以利游泳，還有呼吸代謝速率較慢，可以減少氧氣消耗而增加潛水時間，無法縮回殼中的頸部等等，還有對鹽分的代謝排除效率快速，身上排鹽的腺體非常發達，眼睛前方就有這個構造，這也使得他們上岸後會因為排除鹽分的關係而不斷流淚，讓人覺得海龜是情感豐富的動物。

海龜的身體結構與其他的龜種有相當大的不同，像是目前世界現生海龜品種約有八種，分別是綠蠵龜、赤蠵龜、欖蠵龜、革龜、肯普氏海龜、玳瑁、平背海龜、黑海龜，其中黑海龜較為罕見而且因為與綠蠵龜相當相似，所以目前仍有品種認定上的爭議性。

　　臺灣地區海域常見的海龜有綠蠵龜、玳瑁、赤蠵龜、欖蠵龜、革龜，其中最常見的也是目前現生數目最多的是綠蠵龜，在臺灣本島、澎湖、蘭嶼等地方都有上岸產卵的紀錄，在馬階醫生的回憶錄中還特別記載過當地人獵捕海龜的經過。但是綠蠵龜的數量急遽減少，目前主要是出現在澎湖、蘭嶼及太平島等地，而且產卵時間與地點非常不一定。

　　在今天，世界上所有的海龜都因為人類過度濫捕、棲地被破壞而頻臨絕種，保育的工作還是需要積極努力，否則不久的將來他們都將絕種殆盡，成為書上用來緬懷的照片而已。

在小琉球有機會可以與綠蠵龜一起浮潛（琉球夯浮潛提供）。

危險性龜種與注意事項

　　一般而言，龜的性格相當溫馴，大多不具攻擊性，然而若是雜食性、肉食性的龜種，就容易將動物、人類誤認為食物而攻擊。陸生龜種雖多為草食型，但若過度肌餓時，也容易出現誤食而咬傷現象，雖說不致造成嚴重傷害，但仍是相當疼痛的。

　　而最具危險性的龜種，大概就屬「鱷龜」，鱷龜屬大型龜種，身材十分壯碩，其成體可達五十公斤以上，而當牠們長大至超過手掌大小時，就開始具有攻擊性了。此外，其喙（嘴巴）的咬合力道十分強大，萬一不小心逗弄

鱷龜屬大型龜種，身材十分壯碩，其成體可達四、五十公斤重。

讓牠們獸性大發，就容易產生嚴重的傷害。因此，如果要飼養，一定要事先評估自己是否有能力。此外，若在戶外見到野生鱷龜時，建議直接請消防人員協助，千萬勿逗弄或抓取，避免被攻擊而受傷。

　　而如果欲飼養大型龜種，建議在餵食時，可用長夾作為輔助，避免親手餵食、觸摸；另外，抓拿鱷龜或大型龜種時，最好從背後抓拿，勿直接從正前方，或是過於靠近牠們的頭部，否則烏龜很容易誤判飼主的舉動，以為有人要攻擊牠們，而有自衛的攻擊行為。

烏龜與鱉蛋

所有的龜鱉目皆為卵生動物，產卵數按龜種不同也有差別。

值得一提的是，鱉蛋的蛋白質含量是雞蛋的 1.8 倍，鈣含量是雞蛋的 4 倍，而對人體不利的膽固醇卻只有雞蛋的 1/9，因此營養價值高，有不少民眾都將鱉蛋視為補品，更有商家將鱉蛋製成粉狀以利食用與存放。

另外，對於龜蛋還有一個有趣的研究，母龜若是在產卵季沒有找到適合龜蛋孵化的環境時，就會將公龜的精子保留在體內的輸卵管，等找到適合的環境再產卵，時間最長甚至可以超過一年。《說文解字》有寫到：「天地之性，廣肩無雄；龜鱉之類，以它為雄。」文中的「它」是指蛇類。古人發現母龜沒有經過交配產下的龜蛋竟然可以孵化，誤以為龜與蛇是可以雜交的，以至於之後常用烏龜當作譬喻不貞的動物。

剛孵出的蘇卡達象龜。

第四章

烏龜的健康與疾病

烏龜的健康與疾病

養出健康烏龜的基本原則

　　所有的飼主都希望自己的寵物寶貝健康快樂的成長，而要養出頭好壯壯的小龜，又該注意哪些事項呢？以下幾個基本原則，飼主們不妨參考看看：

一、給予適當的環境：

　　溫度、溼度、光照都要符合各種小龜們的需要，例如大多數的龜都不喜歡溫差太大的環境，因為這會讓烏龜的免疫力下降，甚至造成呼吸道的感染。

要養出一隻健健康康、頭好壯壯的烏龜，必須注意飼育環境與龜的健康。

二、給予天然、新鮮的食物：

如果小龜屬於肉食或雜食，平時就要照牠們的進食習慣混入一定比例的肉食，別讓牠們長期「茹素」而影響健康喔！另外，肉食龜的餌料必須注意是否有寄生蟲，也不要餵食生肉、腐肉或來路不明的餌料。如果小龜屬肉食或雜食，最好還是餵食養殖場所出產的餌料，如麵包蟲、麥皮蟲、小魚、小蝦等，較能避免小龜受到寄生蟲或細菌的感染。

三、定期健康檢查、定期驅蟲：

要記得定期帶小龜們去健檢、驅蟲，健檢可以有效做到預防醫學的目的。不過需要注意的是，最好儘量避免購買藥劑自行驅蟲，因為驅蟲藥的劑量仍需視各種不同的狀況來定，建議還是交給獸醫來處理，對小龜們的健康才比較有保障喔！

四、小心新進烏龜的傳染病：

當有新的龜寶寶要加入龜群時，一開始最好先隔離，待觀察 30 至 90 天，檢查沒有問題後，再放入龜群中，避免將身上的傳染病傳給其他成員。

五、養成及早就醫的習慣：

小龜若是出現食慾不佳、活力下降、拉肚子或是和平常表現不一樣的情況時最好及早就醫，避免延誤病情喔！

烏龜就醫的基本檢查

初步視診

此龜殼已受感染，產生疾病。

此烏龜的眼眶凹陷。

　　若想了解烏龜是否生病了，不妨可先簡單觀察判斷龜的口鼻是否有分泌物？眼睛是否浮腫或凹陷？皮膚的光澤以及是否有皮屑及附著物？殼是否過度隆起、沾黏、破損或是感染造成潰爛等等，或游泳與行走時是否左右對稱，四肢是否有力等等，以上這些都是疾病初步判斷的重點。

簡單觸診

　　此外，四肢的觸摸、按壓、輕拉烏龜感受牠們的力道，也能判斷出牠們的健康。檢查牠們腹甲與背甲的軟硬度、腹股窩（後腿鼠蹊部）之處，若有傷口最好趕快就醫。

簡單觸診，四肢的觸摸、按壓、輕拉烏龜感受牠們的力道，也能判斷出牠們的健康。

口腔檢查

　　臨床檢查最重要的就是口腔檢查，飼主最好要練習讓烏龜在不緊張的狀況下固定頭部，並打開牠們的口腔，這個動作能檢查烏龜的口腔與氣管的健康，除此之外當烏龜生病無法進食時，飼主也要能打開烏龜的口腔，以進行藥物的給予以及灌食。

糞便檢查

　　一般而言，若帶烏龜到動物醫院，通常都要做糞便檢查。糞檢可有效篩檢腸道內的寄生蟲，例如：線蟲、條蟲以及原蟲，必須經由顯微鏡的檢查，才能得知烏龜體內是否有寄生蟲體、蟲卵等，此外，糞便檢查也可以檢驗出烏龜其他的疾病，例如身上是否有過多的病原菌、體內是否出血、以及身體是否分泌不正常的黏液等等，但是這些就要經染色處理檢查。

放射線檢查

　　這項檢查主要用來診斷呼吸道疾病（如肺炎），或是腸胃道疾病（如腸道異物阻塞、脹氣、腸炎等），當然若是懷孕帶卵（egg binding）或難產，也必須經由放射線學檢查才能得知，另外更重要的是，放射線檢查還可用來診斷陸龜最常見的尿路結石及痛風。

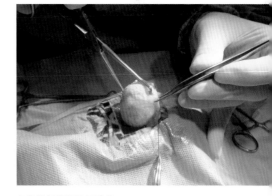

烏龜進行膀胱結石手術。

食道胃管埋置

　　生病的龜常常會有拒食情形發生，如經評估後必須灌食以及輸液，一般會建議進行食道胃管埋置，可以有效減少每次開口灌食的緊迫，將餵食軟管經頸部側邊由體外進入食道，延伸到胃後固定，藉此可進行長期灌食照料、補充營養、水分，以及投藥。

生病的龜常常會有拒食情形發生，一
般會建議進行食道胃管埋置。

裝食道胃管的烏龜。

正在做靜脈點滴液輸治療的烏龜。

常見疾病

營養不良引起的疾病

1. 維生素 A 缺乏症

這個疾病幼龜較成龜常見、澤龜較陸龜常見。症狀有：眼皮浮腫、睜不開眼、乾眼症、淚腺萎縮、全身多處脫皮、皮膚變薄、鱗片脫落、甲殼缺乏光澤、甲片脫落等症狀，甚至併發呼吸道感染、精神食慾不佳等等。

該疾病的原因與飲食不均衡有關，例如肉食性龜種可能其飲食缺乏動物的內臟；而在草食性龜中，可能飲食不夠多樣化。然而，若維生素 A 過多，可能也會讓烏龜產生類似的症狀，所以如果無法判定究竟是維生素 A 缺乏或過多，不妨趕緊就醫，請醫師來判斷。

富含維生素 A 的食物，大多呈橘、紅色，可以挑選後餵食。

　　一般而言，大多數案例若維生素 A 缺乏，只要配合飲食的改善，以及口服綜合維生素或是注射維生素A針劑，大約3～4週的時間就會復原；只是該疾病所需的復原時間較長，必須有耐性配合醫師治療才行，但如果造成嚴重併發症也可能會有生命危險。

維生素 A 缺乏症會導致烏龜全身多處脫皮。

維生素 A 缺乏的烏龜眼睛腫脹無法睜開。

2. 甲殼變形、黏甲、畸形

如果烏龜攝取了過多的蛋白質、或有軟骨病（代謝性骨骼疾病）、繼發性高副甲狀腺症、甲殼上有舊傷或嚴重外傷等等因素，都會造成甲殼發展異常，若甲殼發展異常，背甲會有變形的現象，形成隆背、黏甲、扁甲、石頭龜等等。

這大多與烏龜發育時期營養不良有關，僅能預防，很難治療。有些特殊案例甚至會發生骨質皮角化不全，影響發育與外觀，造成甲殼不對稱，或脊椎發展異常，嚴重時甚至會造成死亡，這種病症發生的原因目前還無法明確得知。

若甲殼發展異常，背甲會有變形的現像，如黏甲。

3. 軟殼（骨）症、缺鈣症

此一疾病在幼龜、成長中的成體中十分常見，也就是烏龜的背甲及腹甲過軟，只要輕輕按壓就會變形，或是背甲的高度明顯不足，甚至四肢軟弱無力，四肢及頸骨軟弱變形。其主因是烏龜體內的維生素 D_3 以及

鈣不足，以及飲食中鈣磷比失衡所造成的症狀。

　　一般來說，罹患此一疾病的烏龜，精神食慾初期通常不太受影響，但行走會有軟腳以及開張肢現象，有些嚴重缺鈣軟殼個體，如果造成副甲狀腺的病變，以致血鈣無法調控，甚至會出現因低血鈣而抽蓄死亡的案例。治療及預防方法：給予烏龜充足陽光或 UVB，再配合口服或注射鈣劑以及維生素 D_3，配合長期照顧，如果沒有引起永久性傷害，通常可以恢復。

細菌引起的疾病

1. 上呼吸道疾病 (Runny Nose Syndrome)

　　這是幼龜最常見的疾病，在人工飼養的狀況下，若環境不佳、溫差過大、烏龜情緒太緊繃，或是營養不良、維生素 A 過多或缺乏等，以致呼吸道上皮脆弱、免疫力低下，就會導致病毒、細菌感染龜的呼吸道，造成鼻腔分泌物過多、鼻腔腫脹、鼻塞、呼吸困難、口腔炎、喉炎等等症狀，不僅如此，烏龜也常會因此疾病，而有精神食慾低落的現象，嚴重時還會引發肺部感染而導致肺炎，且致死率在幼龜中相當高，飼主在照料時一定要特別留意。

2. 肺炎、下呼吸道感染 (Pneumonia)

　　氣管、支氣管、肺的病毒、細菌感染，對龜而言是很致命的疾病，常見症狀有呼吸困難、張口呼吸、口腔大量分泌物、拒食、虛弱甚至突然死亡等等，而水生龜種的症狀有游泳傾斜、無法潛入水中、拒絕下水等現象。

一般而言，會引起下呼吸道感染的主因，大多是因為飼養環境不當所產生，如水質不良、溫差過大、龜隻密集飼養，或不同品種的龜混合飼養等等，或是營養失調（如維生素 A 失衡）等，也會引起肺炎或下呼吸道的感染。

鼻腔、口腔大量分泌物。

無論是上呼吸道或是下呼吸道的疾病，對烏龜來說，都可能致死，一旦觀察到上述的症狀，建議盡早就醫處理，避免拖延，否則對烏龜的健康可是很不利的喔！

3. 耳膿瘍

常發生於各年齡層的池龜及陸龜身上，此時烏龜的雙側鼓膜會有腫脹的現象，且觸感堅實外觀看起來像「戴耳機」，有時還會伴隨著呼吸道感染的症狀，不過精神食慾一般不受影響。其主要的原因還是與上呼吸道感染有關，或維生素 A 缺乏症所引起的。此時建議以外科手術的方式，並配合服用抗生素來治療此一疾病。

耳膿瘍的烏龜雙側鼓膜會有腫脹的現象。

4 敗血症

慢性或急性的全身性細菌感染所致，較可能是呼吸道疾病或是皮膚外傷所引起的，甚至是甲殼的創傷以及爛甲感染，又如細菌性（如沙門氏菌）的慢性感染、寄生蟲性腸炎，肝膿瘍或是腸道膿瘍，也可能引起全身感染而產生敗血症，一般來說此一疾病並無有效治療方式，只能給予抗生素以及支持療法，死亡率極高，診斷必須配合血檢及症狀，有時嚴重者，殼的接縫會出現出血斑。

敗血症出血斑的烏龜。

爛甲感染的烏龜。

寄生蟲性疾病：

1. 線蟲感染

症狀有下痢、血便、糞便中排出蟲體、無故消瘦等，有時也可能沒有任何臨床症狀。一般來說，線蟲感染中，最常見的種類是蟯蟲（pinworm），一般都會用口服投予驅蟲藥的方式來治療，不過許多飼主都會自行購買藥物來使用，這其實是有風險的，因為一旦劑量計算錯誤，就可能產生副作用，所以還是建議就醫治療，並定期驅蟲較佳。

2. 腸道原蟲感染

這是陸龜最常見的腸道疾病,症狀有嚴重下痢、血痢、糞便惡臭、糞便中可見未消化食物殘渣、黏液便、食慾不振、脫水等。治療上建議給予口服抗原蟲藥物支持療法,通常有機會痊癒,但近年來出現許多抗藥性蟲,治療上相當頑固。而在投藥後,也可給予爬蟲類專用的益生菌,來幫助牠們重建腸內菌叢,再配合環境清潔、高溫消毒、頻繁清理排泄物、定期常規健檢驅蟲(每 1 ～ 3 個月一次)等等控制。

痛風、結石

相較於水生龜種來說,陸龜較常見泌尿系統疾病,主要是因為陸生龜種的水分吸收較少,蛋白質的代謝產物是難溶於水的尿酸鹽,若是飼養的方式造成水分攝取不足或是蛋白質攝取過多,那就很有可能會引起膀胱結石或甚至是腎臟傷害引起全身性痛風。許多錯誤的觀念認為,陸龜的膀胱結石與「鈣」的攝取過多以及「草酸」的攝取過多有關,其實並不然,分析陸龜結石的統計報告顯示,約有 90% 以上的陸龜結石是尿酸鹽類,例如尿酸鈉、尿酸鉀,這與鈣質和草酸鹽是完全無關的,尿酸鹽產生的多寡與蛋白質的攝取有絕對的關係,如果餵食給雜食性或草食性陸龜過多的豆類、高營養的龜飼料、狗貓等肉食性飼料,這會造成尿酸鹽產生過量而在腎臟或是膀胱中沉積。尿酸鹽的排除與水分的攝取量有絕對的關係,提供適量含水的新鮮蔬菜、水果,並且提供每日乾淨飲水,最好能夠定期給予額外水浴泡水(建議每日一次約 30 至 40 分鐘),這樣可以促進尿酸鹽的排除。除了蛋白質和水分,陸龜的泌尿道疾病也和維生素 A 缺乏、腎毒性物質傷害、細菌感染等有關。治療上如果是膀

胱結石，會以 X 光檢查來評估結石大小，若是結石較大者，會建議以外科手術移除，並且配合降尿酸鹽藥物來幫助控制尿酸鹽的產生，當然最重要的還是正確的飼養方式，定期 X 光檢查預防重於治療。

難產

母龜的排卵一般是需要公龜的刺激，若是有騎乘的動作或是求偶的行為，很容易刺激母龜排卵，不論受精與否，只要有排卵，母龜就會開始一連串的生產準備，例如挖洞、拒食、躁動不安等等行為，這時候建議將其母龜隔離減少打擾，並且提供深度足夠的乾淨沙盆或是無菌培養土盆，以利母龜挖洞生產。若是以上行為由頻繁開始減少，精神也開始漸漸變差，那就有可能是難產了，診斷上必須經由 X 光來判斷。

很多原因會引起難產，例如營養不良（缺鈣）、環境緊迫、藥物、細菌感染、排卵遲緩、輸卵管遲緩等等。嚴重的病例也可能會引發其他併發症，像是墜卵性腹膜炎、輸卵管內蛋破裂、卵在膀胱或是瀉殖腔滯留、殼腺及輸卵管脫垂等等。難產的治療方式除了藥物催生以及鈣的補

很多原因會引起難產，例如營養不良（缺鈣）、環境緊迫、細菌感染、排卵遲緩等等。

充外，最後還是必須要靠外科手術取出卵巢才能得以根治。

　　預防上可以將公母龜隔離飼養、甚至建議單獨個體飼養母龜、平時營養給予均衡、減少環境緊迫；確定帶卵時給予鈣的補充、隔離懷孕母龜、提供適當的產房。這也是個預防重於治療的疾病。

脫垂

　　脫垂是各種龜種都常見的疾病，發炎的組織由瀉殖腔脫出，外觀看來像是一坨肉樣組織掛在瀉殖腔口，脫出組織可能會是腸道、陰莖、輸卵管、殼腺、膀胱、瀉殖腔本身。

　　若是脫出的組織暴露於空氣中的時間過久，很容易會引起壞死以及感染，常常都是要外科切除。脫垂的原因有很多，嚴重下痢以及腸炎會導致腸道脫垂；難產會引起輸卵管及殼腺的脫垂；發情、陰莖外傷會引起陰莖脫垂；膀胱結石也可能會引起膀胱的脫垂。

　　脫垂一旦發生最重要的緊急處理就是保溼，保持組織活性趕緊送醫。治療時最重要的要先判斷脫出物到底是甚麼，也要了解脫出的主因為何，才能對症治療，否則胡亂塞回去縫合，或是隨便切除會引起不堪設想的後果。

超實用的烏龜醫藥箱

必備！「龜用」醫藥箱

　　俗話說「人無千日好，花無百日紅」，就連身為萬物之靈的人類，也免不了有生病受傷的時候，更何況是比人類還脆弱的小烏龜呢！而身為小龜們的飼主，平日最好就要養成在家中設置一個小龜專用的急救箱的習慣，如此一來，當小龜生病、受傷時，飼主便可先做基本簡單的處理，然後再就醫。

　　而這個小龜專用的醫護箱，到底要準備哪些「傢私」呢？以下的建議不妨參考：

　　一、工具類

1. **長、短鑷夾各一**：鑷夾可說是養龜必備的工具之一，平時不但可以用來餵食或清除小龜皮膚上的寄生蟲註，有外傷時也可以用它夾住棉花沾消毒水；而假使飼養的烏龜性格比較兇猛，要餵食或檢查牠們的口腔時，也可以用來撐開口腔檢查傷勢。

2. **小剪刀**：裁剪工具用。

3. **寵物用趾甲剪以及止血粉**：可用來修剪小龜的趾甲，並適時止血。

4. **消毒過的空針筒**：用來沖洗口腔、傷口，若小龜在生病時分泌出不明的體液時，也可用空針筒收集採樣給醫師檢驗。

5.適當尺寸的金屬灌食管：當小龜生病無法進食時，可能需要透過灌食管來餵食或投藥。

6.紗布、棉棒：包紮、擦拭傷口用。

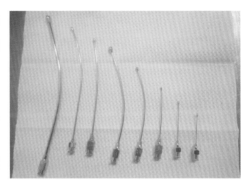
各種不同尺寸的灌食管。

7.暖暖包：當烏龜因生病、外傷而需要保暖時，可在牠們的小窩裡放個暖暖包，讓小龜們有需要時可維持體溫。

二、藥物類

1.消毒水：如優碘、Chlorhexidine，前者可用於外傷消毒，後者可用於口腔、鼻腔及傷口的沖洗。

2.止血粉：外傷及剪趾甲止血使用。

3.生理食鹽水：沖洗傷口用。

4.一般眼藥水、眼藥膏：可用暫時處理烏龜的眼疾或傷口，但要注意不能含有類固醇。

5.抗生素軟膏：烏龜受傷時可應急局部使用。

緊急救護處置

當小龜遇到外傷或疾病時，又該怎麼處理呢？以下提供幾個常見的傷病狀況與護理方式，不妨熟記一下：

1. 嚴重外傷：先用紗布加壓止血，而若有大面積傷口，除了止血外，還需用生理食鹽水來保溼。而在傷口復原期間，要常用消毒水或生理食鹽水來清潔傷口，避免感染細菌。

2. 殼破損：首先先保持殼的完整性，然後用紗布包住身體，並用生理食鹽水保溼（因為龜殼只要破損，烏龜體內的水分就會開始不斷流失），並且在紗布外包覆保鮮膜以阻絕水分流失。

3. 趾甲斷裂：水生龜要離水飼養，使傷口快速恢復；陸生龜要放置在箱內，避免因爬行移動而使傷口感染、惡化，而傷口建議用優碘消毒。

4. 感冒流鼻水：可用加溫燈或暖暖包幫助烏龜保溫，如果呼吸道有分泌物，可用生理食鹽水清洗鼻腔，如果失溫比較嚴重，浸泡溫水使之回溫，並趕緊送醫。

5. 嚴重下痢：要注意保溫，另外如果小龜已無食慾，可用空針筒或灌食管灌食，陸生龜可灌食水或稀釋過的運動飲料補充一些電解質，也可視情況加入一些蔬菜泥，肉食龜或雜食龜則可餵食肉泥，以維持牠們的體力。

6. 中暑：泡水使烏龜降溫，並補充水分。

7. 脫垂：當烏龜的生殖器官或內臟器官外露時，請用紗布包住露出的組織，並重覆淋上生理食鹽水來保溼，然後儘速就醫。

　　以上各種狀況都必須在緊急處理後儘速就醫。

這是健康的眼神和呼吸道正常的烏龜樣貌。

幫烏龜做清潔

　　龜的龜殼縫隙很容易藏汙納垢，以池龜為例，有時他們的殼內還會有微生物、青苔（多見於池龜）、甚至寄生蟲等等，因此若想維護烏龜的健康，定時替烏龜做好清潔是很重要的，建議飼主可用軟毛刷幫烏龜刷殼，將殼的縫隙刷洗乾淨，但也無須過於用力，免得造成烏龜身上的傷害。

　　至於陸龜基本上可以不刷洗龜殼，但若想維持龜殼的清潔，建議可讓烏龜泡冷水四十分鐘（水溫約 25 至 30 度）即可，若要刷洗，亦無須刷洗全身，不妨著重於尾部、皮膚等容易藏汙納垢之處稍加清潔即可。

　　若想避免寄生蟲問題，最好幫烏龜做定期的驅蟲，但注意勿自行用藥驅蟲，因為劑量的多寡需由醫生調配，才能維護烏龜的健康喔！

烏龜的龜殼容易藏汙納垢，需定期清潔。

進行日光浴

其實帶烏龜出來散步的好處,就是能夠幫牠們進行「日光浴」,而烏龜為什麼需要日光浴呢?這有以下幾個原因:

1. 需要合成維生素 D_3:與哺乳動物一樣,烏龜也需要維生素 D_3 來幫助鈣質的吸收,因此需要進行日光浴,照射陽光,其中的 UVB 可以催化維生素 D_3 合成。

2. 需要熱能:烏龜是變溫動物,所以需要外在環境提供熱能,好讓牠們能維持體內的新陳代謝,尤其是天氣變冷時,更需要日光來促進牠們的新陳代謝。

3. 需要清除體表上的細菌或寄生蟲:烏龜身上或多或少有些寄生蟲或細菌,透過日曬,可以殺死或驅離這些有害的菌蟲。

4. 需要讓舊甲片和皮屑脫落:透過日曬,烏龜身上的舊甲片和皮屑會因為熱脹之故而脫落,進而有助於甲殼或皮膚表面的新陳代謝。

5. 照射陽光也可有效提昇龜的免疫系統。

烏龜需要維生素 D_3 來幫助鈣質吸收,因此需要進行日光浴。

第五章

烏龜問題集

Q1. 國際上有保護烏龜的法條嗎？

《華盛頓公約》

並非所有的龜鱉都可以買賣，有些龜鱉是「禁止國際貿易」的物種喔！而這一切都要從《華盛頓公約》說起。

《華盛頓公約》（Convention on International Trade in Endangered Species of Wild Fauna and Flora），全名為《瀕臨絕種野生動植物國際貿易公約》，常簡稱為「華約」。

由於許多野生動植物，常常因為商業貿易的買賣，其族群有直接或間接的生存威脅，有鑑於此，國際自然保育聯盟（World Conservation Union，IUCN）從一九六三年開始，致力推動於野生物國際貿易管制，終於在一九七三年於美國華盛頓，與締約國簽署該項公約，並於一九七五年七月一日，正式生效。

華約的精神並非完全禁止野生物的國際貿易，只是將物種以分級與許可證的方式來管理野生物的國際貿易，讓野生動植物能永續生存及利用。

華約目前列入管制國際貿易的物種目前包含了大約 5,000 種的動物，28,000 種的植物，這些動、植物被分列入三個不同的附錄：

附錄一：若再進行國際貿易會導致滅絕的動植物，除非有特別的必要性，否則是禁止在國際間交易的。

附錄二：目前無滅絕危機，但需管制其國際貿易的物種，若物種仍因貿易壓力，導致族群量繼續降低，則將升級列入第一類物種。

附錄三：是各國視其國內需要，區域性管制國際貿易的物種。

華約的附錄物種名錄由締約國大會投票決定，締約國大會每二年至二年半召開一次。在大會中只有締約國有權投票，一國一票。值得一提的是，如果某一物種其野外族群雖瀕臨絕種，但卻無任何貿易威脅時，該物種並不會被接受列入管理。

華盛頓公約管制的龜與鱉

分類	列入管制之龜鱉目物種
附錄一	澳洲短頸龜、蟎龜科所有種、革龜、牟氏水龜、沼澤箱龜、馬來潮龜、潮龜、斑點池龜、三龍骨龜、緬甸眼斑沼龜、大頭龜科所有種、射紋陸龜（輻射龜）、安哥洛卡陸龜（北馬達加斯加陸龜）、加拉巴哥象龜（黑象龜）、緬甸陸（星）龜、黃緣沙龜、幾何陸龜、蛛網陸龜、平背陸龜、埃及陸龜、黑棘鱉、紋背小頭鱉、緬甸小頭鱉、印度鱉、孔雀鱉、黑鱉
附錄二	豬鼻龜、羅地島蛇頸龜、泥龜、斑點水龜、布氏擬龜、木雕水龜（森林石龜）、菱背龜（紋龜）、箱龜屬所有種（不含列入附錄一物種）、三線潮龜、三線菱背龜、紅額潮龜、緬甸菱背龜、閉殼龜屬所有種、攝龜屬所有種、琉球地龜、黑胸葉龜、冠背龜、黃頭廟龜、亞洲山龜、亞洲巨龜、太陽龜、蘇拉維西葉龜、泰國食螺龜、馬來食蝸龜、安南擬水龜、日本石龜、柴棺龜、黑頸烏龜、印度黑龜、印度眼斑沼龜、六板龜、婆羅洲河龜（馬來西亞巨龜）、小棱背龜屬所有種（不含列入附錄一物種）、眼斑龜、四眼龜、粗頸龜、菲律賓粗頸龜、蔗林龜、馬達加斯加大頭側頸龜、亞馬遜大頭側頸龜、南美側頸龜屬所有種、陸龜科所有種（不含列入附錄一物種）、亞洲鱉、小頭鱉屬所有種（不含列入附錄一物種）、努比亞盤鱉、塞內加爾盤鱉、歐氏圓鱉、尚比亞圓鱉、馬來鱉、斯里蘭卡緣板鱉、印度緣板鱉（印度箱鱉）、緬甸緣板鱉、緬甸孔雀鱉、萊氏鱉（印度萊氏鱉）、山瑞鱉、巨鱉屬所有種、砂鱉、東北鱉、小鱉、大食斑鱉、斑鱉、非洲鱉

食蝸龜

稜背側頭龜

附錄三	擬鱷龜（美國）、真鱷龜（美國）、地圖龜屬（美國）、艾氏山龜（中國大陸）、大頭烏龜（中國大陸）、皮氏山龜（中國大陸）、金龜（中國大陸）、斑龜（中國大陸）、廣西斑龜（中國大陸）、橙斑龜（中國大陸）、擬眼斑龜（中國大陸）、珍珠鱉（美國）、滑鱉（美國）、刺鱉（不含列入附錄一亞種）（美國）   真鱷龜　　　　　　　　　　地圖龜

（西元二〇一七年一月二日修正）

Q2. 國內有保護烏龜的法條嗎？

《野生動物保育法》

為了讓臺灣的動物能永續長存，臺灣也有管理、保育野生動物的法律，它就是《野生動物保育法》（Wildlife Conversation Act）。

在一九七〇年代以前，臺灣對野生動物保育的觀念普遍不足，因此造成了許多野生動物被過度的獵捕，造成生態的破壞，有鑑於此，為管理、保育臺灣的野生動物，行政院農委會與民間團體，希望能透過立法的手段，來解決並遏止野生動物被過度獵捕的問題，經過近二十年的努力，終於在一九八九年通過了《野生動物保育法》，成為臺灣管理野生動物保育、利用與經營管理的法源依據。

野生動物保育法規範的層面有兩大部分：一是「物種保育」，主要將野生動物區分為「保育類」與「一般類」兩大類別，並制訂了利用、持有、交易、展示等法令；二是「棲地保育」，此即透過設立野生動物保護區，或成立野生動物研究機構的方式，來保存臺灣野生動物的多樣性。目前臺灣已依法設立 34 處野生動物重要棲地，其中 17 處已進一步成為野生動物保護區。

依據野生動物保育法規定，保育類野生動物未經主管機關許可，不得騷擾、虐待、獵捕、買賣、交換、非法持有、宰殺或加工，而在烏龜的部分，受保護的龜鱉如下：

等級	種類
第Ⅰ級： 瀕臨絕種保育類野生動物	蠵龜科所有種、赤蠵龜、綠蠵龜、玳瑁、欖蠵龜、革龜（稜皮龜）、澳洲短頸龜、牟氏水龜、沼澤箱龜、馬來潮龜、潮龜、食蛇龜、斑點池龜、柴棺龜、三龍骨龜、緬甸眼斑沼龜、北印度棱背龜、大頭龜科所有種、射紋陸龜、安哥洛卡陸龜、加拉巴哥象龜、緬甸星龜、黃緣沙龜、幾何陸龜、蛛網陸龜、平背陸龜、埃及陸龜、黑棘鱉、紋背小頭鱉、緬甸小頭鱉、印度鱉、孔雀鱉
第Ⅱ級： 珍貴稀有保育類野生動物	豬鼻龜、羅地島蛇頸龜、泥龜、三線潮龜、三線菱背龜、紅額潮龜、緬甸菱背龜、閉殼龜屬所有種（食蛇龜除外）、攝龜屬所有種、琉球地龜、黑胸葉龜、冠背龜、黃頭廟龜、亞洲山龜、亞洲巨龜、太陽龜、蘇拉維西葉龜、泰國食螺龜、馬來食蝸龜、安南擬水龜、日本石龜、黑頸烏龜、金龜、印度黑龜、印度眼斑沼龜、六板龜、婆羅洲河龜、小棱背龜屬所有種（瀕臨絕種物種除外）、眼斑龜、四眼龜、粗頸龜、菲律賓粗頸龜、蔗林龜、馬達加斯加大頭側頸龜、亞馬遜大頭側頸龜、南美側頸龜屬所有種（黃頭側頸龜除外）、陸龜科所有種（瀕臨絕種物種除外）、亞洲鱉、小頭鱉屬所有種（瀕臨絕種物種除外）、馬來鱉、斯里蘭卡緣板鱉、印度緣板鱉、緬甸緣板鱉、緬甸孔雀鱉、萊氏鱉、山瑞鱉、巨鱉屬所有種、砂鱉、東北鱉、小鱉、斑鱉
第Ⅲ級： 其他應予保育之野生動物	（無龜鱉目之動物）

（中國民國一〇八年一月九日修正）

Q3. 烏龜如何縮入殼中？

　　當烏龜想縮入殼中時，會吐出肺臟的空氣挪出空間，然後脖子以 S 型方式縮入，四肢則直接藏入，如此就能縮入牠們的龜殼中了。而烏龜為何想縮入殼中呢？大概是因為以下幾種狀況：

1. 感到害怕、緊張、疼痛時。

2. 心情不佳，例如打架打輸或搶地盤搶輸，就有可能會縮入殼中（牠們可是有情緒的喔）。

3. 突然置身在陌生環境，例如陸龜突然被丟入水中，或是水的溫度突然增加或降低，都會使牠們感到害怕而縮入殼中。

4. 遇到獵食動物的追補時，也會縮入殼中。

　　不過，建議飼主要留意烏龜的體型，假使讓烏龜長得太胖，就無法縮進龜殼裡了！雖然在一般的飼養環境下，烏龜大多很安全，但假使到了野外，烏龜遇到危險卻無法縮入殼中保護自己時，可能就會產生危險了喔！

烏龜為何想縮入殼中，大都是因為感到害怕、心情不佳或是遇到獵食動物的追補。

Q4. 烏龜聽得到嗎？

　　烏龜的耳朵沒有外耳孔，牠們的耳膜很厚，且被一塊圓形的皮膜包覆住，所以聽覺較不敏銳，然而牠們的觸覺卻十分發達，因此大多數的烏龜都以觸覺來取代聽覺。

　　在此也特別提醒飼主，烏龜對於人的腳步聲，或是動物在行進時所發出的震動相當敏感，要時常留意周遭環境，避免讓烏龜處在會發出巨大震動的環境，例如家中需要裝潢施工時，最好把烏龜移至他處，避免讓牠們受到驚嚇。

　　此外，近來在期刊《爬蟲兩棲類學》(Herpetologica) 上，巴西科學家發表了一篇關於亞馬遜巨側頸龜 (Podocnemis expansa) 的聲音研究。從亞馬遜巨側頸龜的錄音裡發現，亞馬遜巨側頸龜會在產卵季時用聲音互相交換訊息，並以至少 6 種聲音做溝通，其中包含母龜用來呼喚幼龜的聲音也都被研究人員記錄下來。

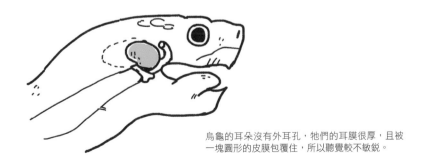

烏龜的耳朵沒有外耳孔，牠們的耳膜很厚，且被一塊圓形的皮膜包覆住，所以聽覺較不敏銳。

Q5. 玳瑁是什麼？

　　玳瑁（別名有蟳蝐、文甲、千年龜等等）是海龜的一種，牠們的分布十分廣泛，各大海域其實都能找得到牠們的足跡，而其主要的棲息地，則大多在淺水礁湖和珊瑚礁區，並以海中的海綿、水母、魚類、海藻等動物為食，值得一提的是，玳瑁有消化二氧化矽（玻璃的原料）的能力，因此是唯一能消化玻璃的海龜。

　　玳瑁與其他的海龜外形相似，其龜殼都較扁平，且有槳狀鰭足（適合在海中游行），而最明顯的外部特徵，則在於其鷹喙般的嘴，以及其身軀後部有鋸齒般的緣盾。

　　只不過，玳瑁之所以珍貴，最主要的原因，在於其甲殼上有著美麗且奪目炫爛的花紋，因此「玳瑁」一詞除了指海龜之外，也是一種名貴的寶石，它可作為首飾、雕塑等飾品的材料。在中國，玳瑁有祥瑞幸福、健康長壽的象徵寓意，因此一直以來都有大量的玳瑁手工藝製品。

　　除了手工藝製品外，玳瑁的甲殼可入藥，其肉和蛋也可做為食材，用處多多的玳瑁因此有「海金」之稱。

　　然而，由於人類大量地使用玳瑁所製的工藝品、藥材，玳瑁也因此被過度捕撈，導致其數量不斷地減少，甚至已有滅絕的危險，目前玳瑁的數量均已被國際自然保護聯盟（IUCN）評為極危狀態，為了阻止玳瑁的滅絕，該物種已受到《瀕臨絕種野生動植物國際貿易公約》（CITES）的保護，所以已經禁止獵捕，而其相關產品也被禁止進出口。

Q6. 烏龜怎麼交配？

　　每到了春末夏初之際對大多數龜種來說，性成熟的公龜就會有求偶的行為，只不過烏龜平時雖然溫馴，在求偶時卻往往十分粗暴，一般來說，像是巴西龜，公龜有長長的前爪，公龜在求偶時，會向母龜抖動手部，表示交配的意願，詢求母龜的同意。

　　另外有些龜種，公龜也可能會用暴力的方式直接交配，甚至咬住母龜的殼或四肢不放，除此之外，某些陸龜在交配時，公龜還會大聲鳴叫，景象十分有趣。

公龜在交配時，還會大聲鳴叫，景象十分有趣。

Q7. 烏龜喝不喝水？

　　身為飼主，是否需要替小龜們準備飲水呢？其實烏龜也是需要攝取水分的，但是隨著種類的不同，小龜們攝取水分的方式也不一樣：

　　澤龜：由於活動的範圍大多在水中，因此會直接攝取活動空間中的水。因此飼主務必留意水質是否乾淨，一星期至少要換三～四次的水，或是小龜將排泄物排至水中時，最好就換水。

　　陸龜：直接從食物中攝取水分，或利用泡水之際攝取水分。因此飼主除了要定期餵食之外，每天最好也要讓小龜泡水，讓牠能藉此吸收水分，每週至少三次，每次泡水 30 分鐘。

　　海龜：直接從食物中獲得水分，如果其活動空間在海域，也會直接攝取海水，然後再藉由鹽腺排出鹽分。

　　一般來說，只要正常換水、餵食、每天泡水（陸龜），大多時候並不需要特別為小龜餵食水分喔！

隨著類型的不同，小龜們攝取水分的方式也不一樣。

Q8. 烏龜怎麼翻身？

　　澤龜由於脖子較長，因此會以脖子頂住地面後直接翻回，因此對澤龜來說，翻身可謂小事一件，因此假使你的龜有「翻身翻不回」的狀況，可能就是病了喔！

　　至於陸龜，因為脖子較短，所以牠們「被翻身」時，會讓脖子與四肢晃動，讓身體前進，待移動到崎嶇不平的地面時，就能藉此「翻身」。

　　一般來說，背殼愈圓的烏龜要翻身比較容易，但對背殼較平的烏龜，翻不了身就相當危險。尤其是野生的陸龜來說，一旦翻不了身，便可能會被其他兇猛的動物攻擊；或是萬一在日光照射強烈的夏日或正午，只要數分鐘翻不了身，就有可能被曬死。

　　另外，由於烏龜的肺部長在背側，對一些體型較魁梧的「大龜」們來說，過重的體型容易壓迫牠們的肺部，可能導致窒息，因此若在野外遇到烏龜，可千萬別一時興起將牠「翻身」後就置之不理，那可是會讓牠「死無葬身之地」的喔！

一般來說，背殼愈圓的烏龜要翻身比較容易，但對背殼較平的烏龜，翻不了身就相當危險。

第五章　烏龜問題集

Q9. 關於海龜的二、三事

　　在龜鱉目中，海龜單獨成科，雖然牠們與陸龜、澤龜等皆同屬於龜鱉目，卻在外形上有兩大不同，其一是因為牠們的脊椎骨和背甲連接在一起，因此海龜的頭部不能縮進背甲中；其二是海龜的四肢已演化成鰭肢，背甲形狀也成流線型，以此適應海中的生活。

　　海龜有 95% 的時間都生活在海中，是游泳的高手，但一上岸行動即變得十分笨拙，因此海龜除了在繁殖季節時，雌海龜上岸產卵外，幾乎是不上岸的，連交配都是在水中進行。

　　以肺呼吸的海龜，大多集中在 0 － 50 公尺深的水域，為解決呼吸問題，海龜每隔數分鐘就必須浮到水面呼吸，但若停留在海中休息時，消耗氧氣較少，就無須頻繁地浮出水面換氣了。

　　除此之外，多數海龜都屬迴游性生物，在繁殖季節時，會回到自己的出生地，進行交配及產卵，例如臺灣最著名的海龜——綠蠵龜，每年母龜都會上澎湖望安沿岸產卵，是當地十分著名的生態景象，不過假使母龜的產卵棲地被破壞，那麼母龜就會放棄了原本的產卵地，也不會再回頭。

　　現存的海龜種類計有 7 種，分別為赤蠵龜（Caretta caretta）、革龜（Dermochelys coriacea）、肯氏龜（Lepidochelys kempii）、欖蠵

龜（ Lepidochelys olivacea ）、玳瑁（Eretmochelys imbricata ）、綠蠵龜（Chelonia mydas ）、平背龜 （Natator depressus）。而除了平背海龜僅出沒於澳洲東北部水域、肯氏龜僅分布於墨西哥灣之外，其餘五種海龜都能在臺灣附近的海域找到蹤跡。

現已列為保育類動物的海龜，在 18 及 19 世紀時，數量極多，但在近一、兩百年間，因海龜誤食垃圾、漁業的捕撈與意外混獲，讓大批的海龜因此而喪生。臺灣海洋大學海洋生物研究所教授程一駿表示，全世界海龜有 3 成死於誤食海洋垃圾，數量十分龐大。

此外，海岸土地開發、開採海沙、海洋環境汙染等，都讓海龜的棲地遭受到嚴重的破壞，海龜的野生族群也瀕臨絕滅，正快速地消失中。

海岸土地開發、開採海沙、海洋環境汙染等，都會讓海龜的棲地遭受到嚴重的破壞（琉球夯浮潛提供）。

Q10. 台南赤崁樓有好多背石牌的石龜，為什麼要用烏龜呢？

去過臺南的赤崁樓嗎？你是否留意到那裡背著重重石碑的底座，很像烏龜呢？其實他們可不是龜，而是傳說中的「龍子」。贔屭總是昂起頭，四隻腳拚命地想向前走，卻移不開步，為什麼會如此呢？。

贔（ㄅㄧˋ）屭（ㄒㄧˋ）在傳說中是龍的九子之一。根據明朝的楊慎在《升庵外集》中，指龍有九個孩子，依次為老大贔屭、老二螭吻、老三蒲牢、老四狴犴、老五饕餮、老六蚣蝮、老七睚眥、老八狻猊、老九椒圖。所謂「龍生九子，各不成龍」，指的是龍的九個孩子中，其形狀性情各異，沒有與龍完全相同的個體。

其中第一子為贔屭，又名「霸下」、「石龜」等。他的外形與龜相似，在神話中，贔屭常馱著三山五嶽在江河湖海裡興風作浪，爾後大禹在治水時收服了他，他便幫助大禹治水，不僅推山挖溝，還疏通河道。治水成功後，大禹擔心贔屭若獸性又再發作，恐怕又會帶來無窮的禍害，於是搬來巨大的石碑，讓贔屭馱著，藉此讓他不能隨便作怪。

爾後，贔屭成為長壽和吉祥的象徵。中國一些顯赫石碑的基座都有贔屭馱著，這便是石碑下趺的由來。例如臺南赤崁樓前陳列九座高大的「石龜御碑贔」，即是代表。

　　「石龜御碑贔」是在乾隆年間雕造的，這是當時乾隆皇帝為了表彰福康安平定林爽文事所雕作，共有十座，其中九座在臺南赤崁樓，另一漢滿文合刻的石碑則立於嘉義公園為福康安紀功碑。

贔屭的釋義

1. 壯猛有力的樣子。如張衡〈西京賦〉：「巨靈贔屭，高掌遠蹠。」

2. 指用力的樣子。如宋・王安石〈同王浚賢良賦龜〉：「北歸與俱度大庾，兩夫贔屭苦不勝。」

3. 凝重、強勁的樣子。如唐・盧仝〈月蝕詩〉：「森森萬木夜殭立，寒氣贔屭頑無風。」

4. 大而重的樣子。宋・司馬光〈送齊學士知荊南〉：「旗旆逶迤蟠夢澤，樓舡贔屭壓江濤。」

5. 蠵龜的別名。因舊時石碑下的石座相沿雕作贔屭狀，故取其力大能負重之義。明・焦竑《玉堂叢語・文學》：「一曰贔屭，形似龜，好負重，今石碑下龜趺是也。」

6. 代指石碑。如《紅樓夢》第76回：「贔屭朝光透，罘罳曉露屯。」

7. 引申為擔負重任。清 · 毛奇齡《春秋毛氏傳 · 宣公二年》：「夫
穿本盾弟，亦本盾黨，秦晉之戰，皆二人相為贔屭。」

中國一些顯赫石碑的基座都有贔屭馱著，這便是石碑下趺的由
來。

Q11. 保安宮石龜傳奇

　　保安宮創建於清康熙三年（西元一六六三年），是鄭成功的部將為紀念延平郡王復臺暨護航戰船有功之五王神像而建，命名為「代天府保安宮」，即代天巡狩正統五王廟，供奉「李池吳朱范」五府千歲金身。由於信徒眾多，香火鼎盛，是台南地區遠近馳名的廟宇之一，更是當地居民的信仰中心。

（涂英如提供）

　　而代天府保安宮除五府千歲外，還供奉了一座「贔屭」，相傳是清乾隆五十一年（西元一七八六年），乾隆皇帝命欽差福康安、參贊海蘭察率領大軍渡海平定「林爽文」之亂。

　　福康安平亂後，乾隆帝大悅，下詔在臺灣為福康安等建祠紀念並御筆親題石碑與石龜（贔屭）（音ㄅㄧˋ ㄒㄧˋ，一種喜負重的龜）十隻贊序。但其中一隻石龜（贔屭）卻在即將抵達安平時不慎落港，落水的石龜重量約萬斤，沉入數丈深的湖底。其餘的九隻石龜（贔屭）則運到台南福康安祠，之後再遷至赤崁樓，即今赤崁樓下所陳列之石龜。但說來奇怪，那隻落海的石龜（贔屭），卻奇蹟似地游到代天府保安宮轄內的石龜塭，由信徒恭請前來供奉，名曰「白蓮聖母」，安享人間香火。

　　另有一神跡之說，龜背之靈水能治惡疾，有求必應，善男信女紛紛前來求得恩惠，因此香火鼎盛源源不絕。

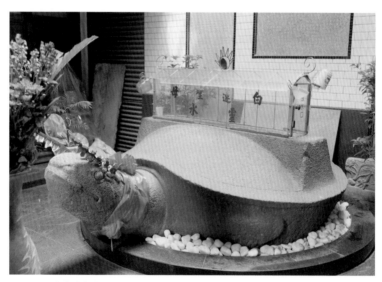

保安宮的信徒會向白蓮聖母求取背上凹槽裡的靈水使用（凃英如提供）。

Q12. 烏龜為什麼會疊羅漢

在烏龜的聚集處，常會見到牠們一隻隻疊著，模樣十分逗趣，而烏龜為什麼特別愛玩「疊羅漢」呢？

其實這與牠們喜歡日曬的習性有關。對烏龜來說，假使日曬地點只有一、二處，而這樣的好地點又被其他烏龜占走，最取巧的辦法當然就是直接趴在烏龜上了，於是便出現了一隻疊上一隻的可愛景觀。

烏龜愛玩「疊羅漢」與牠們喜歡日曬的習性有關。

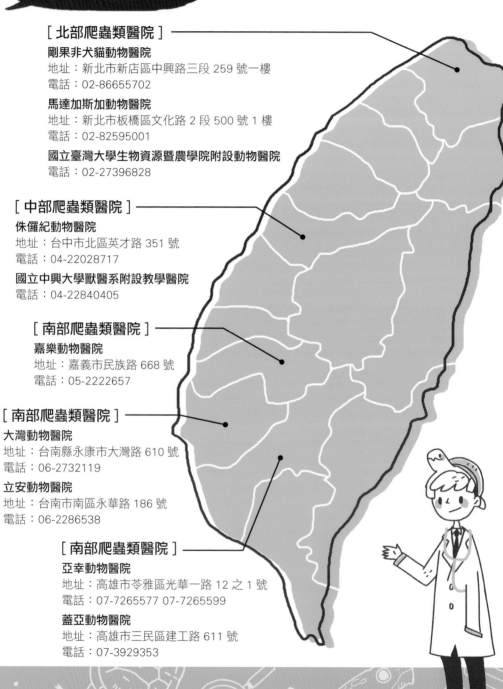

臺灣爬蟲醫療專區

[北部爬蟲類醫院]

剛果非犬貓動物醫院
地址：新北市新店區中興路三段 259 號一樓
電話：02-86655702

馬達加斯加動物醫院
地址：新北市板橋區文化路 2 段 500 號 1 樓
電話：02-82595001

國立臺灣大學生物資源暨農學院附設動物醫院
電話：02-27396828

[中部爬蟲類醫院]

侏儸紀動物醫院
地址：台中市北區英才路 351 號
電話：04-22028717

國立中興大學獸醫系附設教學醫院
電話：04-22840405

[南部爬蟲類醫院]

嘉樂動物醫院
地址：嘉義市民族路 668 號
電話：05-2222657

[南部爬蟲類醫院]

大灣動物醫院
地址：台南縣永康市大灣路 610 號
電話：06-2732119

立安動物醫院
地址：台南市南區永華路 186 號
電話：06-2286538

[南部爬蟲類醫院]

亞幸動物醫院
地址：高雄市苓雅區光華一路 12 之 1 號
電話：07-7265577 07-7265599

蓋亞動物醫院
地址：高雄市三民區建工路 611 號
電話：07-3929353

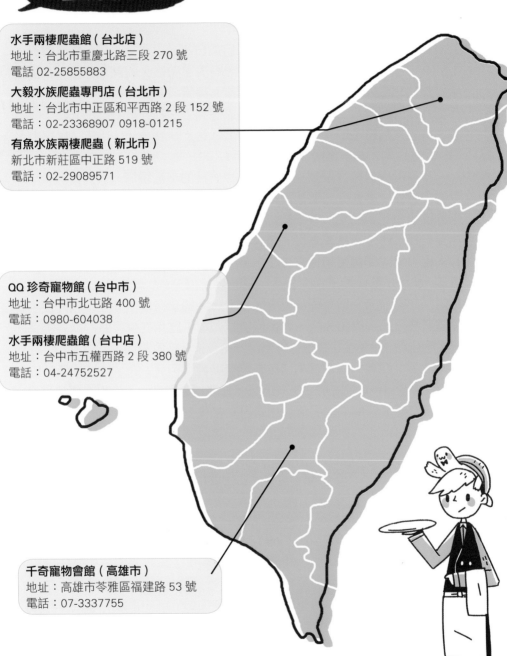

臺灣龜窩市集

水手兩棲爬蟲館（台北店）
地址：台北市重慶北路三段 270 號
電話 02-25855883

大毅水族爬蟲專門店（台北市）
地址：台北市中正區和平西路 2 段 152 號
電話：02-23368907 0918-01215

有魚水族兩棲爬蟲（新北市）
新北市新莊區中正路 519 號
電話：02-29089571

QQ 珍奇寵物館（台中市）
地址：台中市北屯路 400 號
電話：0980-604038

水手兩棲爬蟲館（台中店）
地址：台中市五權西路 2 段 380 號
電話：04-24752527

千奇寵物會館（高雄市）
地址：高雄市苓雅區福建路 53 號
電話：07-3337755

THANK YOU!

致謝

　　在臺灣，烏龜的飼育書籍大多來自於日本。事實上，臺灣屬於海島型國家，也有豐富的在地生態環境，更有著歷史悠久的養龜文化，在烏龜的飼育知識與歷史上也不輸其他鄰國。有鑑於此，當晨星編輯部在審閱國外的烏龜飼育工具書時，突然有人想到：「為什麼我們不來做一本融合臺灣文化特色的烏龜書籍呢？」於是花了整整一年，這本《烏龜飼育與圖鑑百科》終於出版了。

　　本書的完成除了要感謝朱醫師和楊站長的辛苦編寫，以及楊阿步可愛的插圖外，更要感謝臺灣兩棲爬蟲動物協會、宏駿貿易公司魏先生、常勤貿易公司馬先生、亞幸動物醫院周院長、水手兩爬謝老闆、吉祥水族吳老闆、熱帶雨林李老闆、臺灣昆蟲館柯心平先生、佰成爬蟲繁殖場賴先生、DNA 爬蟲繁殖場羅先生、蘇先生、小木炭爬蟲店吳沂庭小姐、優糯 YouBait 工作室王白菜先生、寵物世紀網站 KK 黃站長、QQ 珍奇寵物阿昌、國際通企業公司林世平先生、宣龍興業有限公司王韜翰先生、晶禧科技公司陳錫忠先生、興連盛機械公司王辰生先生、好威龍國際貿易有限公司 Jix 先生、琉球夯浮潛果汁機教練等多家廠商的支持。

　　此外，在我們編寫這本《烏龜飼育與圖鑑百科》時，也訪問了多位教授、學者以及地方工作者，加入了各種關於臺灣在地的烏龜文化知識，書中所有關於烏龜的地名傳說或是歷史文化，都有賴這些專家的協助與校正，感謝台北木柵動物園爬蟲館的陳賜隆館長、國立臺灣師範大學生命科學系的呂光洋教授、國立臺灣師範大學生命科學系的杜銘章教授（已退休）、國立中興大學獸醫系主任董光中教授、國立臺灣師範大學生命科學系的林思民副教授、國立屏東科技大學野生動物保育研究所的陳添喜助理教授、國立屏東教育大學文化創意產業學系的簡炯仁教授。

　　更要感謝眾多龜友 Xiao Ling、冰封、天唄、大祥、龜林隱叟、閒晃、吳庭林、廖顯霆、林埔民、陳俊名、烏龜騎士、文雨竹與攝影好手施錦還先生以及凃英如先生的幫忙，協助蒐集各種國內外各式龜種的照片與資料，這些都是本書中最花費時間與精神的部分，如果沒有這麼多熱心的龜友鼎力相助，這本書根本就不可能在一年內編輯出版。

　　文末，我們要再次感謝參與本書製作的所有專家與龜友們，也感謝閱讀到最後的您，有各位的支持與鼓勵，都是我們出版更多好書的基石與動力。

與您一同孵一個爬蟲夢

我們衷心希望，能有更多人認識與關心兩棲爬蟲類動物。
也希望能為這些與世無爭的「冷血動物」開拓更寬廣的空間。

雖然我們落後先進國家甚多，
台灣兩棲爬蟲動物協會創立於2008年9月27日，
與創立於1947年的英國兩棲爬蟲協會比較起來，我們足足晚了60年。
但在生物史的軌跡中，這種差距其實是微不足道的。

以台灣人的智慧與努力，我們相信台灣的兩棲爬蟲動物也將有大放異彩的一天。
誠摯歡迎您加入我們的行列，一同孵一個爬蟲夢。

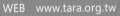

兩棲爬蟲館

台北店：台北市大同區重慶北路三段270號
TEL:(02)2585-5883 FAX:(02)2585-5890
營業時間：13:00-22:00

台中店：台中市南屯區五權西路二段380號
TEL:(04)2475-2527
營業時間：13:00-22:00

Web:兩棲爬蟲.com
E-mail:sailor_reptile@yahoo.com.tw
水手兩棲爬蟲

宣龍興業有限公司

AQUA R&A TANK CULTURED SERIES

水族箱・爬蟲箱・養殖系列

TEL : 04 - 25621785 FAX : 04 - 25626413 E-mail : a126113@ms34.hinet.net
http://www.aquatank.com.tw/ 台中市神岡區新庄里和睦路一段425號
No.425, Sec. 1, Hemu Rd., Shengang Dist., Taichung City 42953, Taiwan (R.O.C.)

晨星寵物館重視與每位讀者交流的機會，
若您對以下回函內容有興趣，
歡迎掃描QRcode填寫線上回函，
即享「晨星網路書店Ecoupon優惠券」一張！
也可以直接填寫回函，
拍照後私訊給 FB【晨星出版寵物館】

◆讀者回函卡◆

姓名：＿＿＿＿＿＿＿＿＿ 性別：□男 □女 生日：西元　　／　　／

教育程度：□國小 □國中 □高中/職 □大學/專科 □碩士 □博士

職業：□學生　　　□公教人員　　□企業/商業　□醫藥護理　□電子資訊
　　　□文化/媒體　□家庭主婦　　□製造業　　　□軍警消　　□農林漁牧
　　　□餐飲業　　　□旅遊業　　　□創作/作家　□自由業　　□其他＿＿＿＿

* 必填 E-mail：＿＿＿＿＿＿＿＿＿＿＿＿ 聯絡電話：＿＿＿＿＿＿＿

聯絡地址：□□□＿＿＿＿＿＿＿＿＿＿＿＿＿＿＿＿＿＿＿＿＿＿＿＿

購買書名：<u>烏龜飼育與圖鑑百科</u>

・本書於那個通路購買？ □博客來 □誠品 □金石堂 □晨星網路書店 □其他＿＿＿

・促使您購買此書的原因？

□於＿＿＿＿＿書店尋找新知時 □親朋好友拍胸脯保證 □受文案或海報吸引
□看＿＿＿＿＿＿網路平台分享介紹 □翻閱＿＿＿＿＿＿報章雜誌時瞄到
□其他編輯萬萬想不到的過程：＿＿＿＿＿＿＿＿＿＿＿＿＿＿＿＿＿

・怎樣的書最能吸引您呢？

□封面設計 □內容主題 □文案 □價格 □贈品 □作者 □其他＿＿＿＿

・您喜歡的寵物題材是？

□狗狗 □貓咪 □老鼠 □兔子 □鳥類 □刺蝟 □蜜袋鼯
□貂 □魚類 □烏龜 □蛇類 □蛙類 □蜥蜴 □其他＿＿＿＿
□寵物行為 □寵物心理 □寵物飼養 □寵物飲食 □寵物圖鑑
□寵物醫學 □寵物小說 □寵物寫真書 □寵物圖文書 □其他＿＿＿

・請勾選您的閱讀嗜好：

□文學小說 □社科史哲 □健康醫療 □心理勵志 □商管財經 □語言學習
□休閒旅遊 □生活娛樂 □宗教命理 □親子童書 □兩性情慾 □圖文插畫
□寵物 □科普 □自然 □設計/生活雜藝 □其他＿＿＿＿＿

國家圖書館出版品預行編目資料

烏龜飼育與圖鑑百科：從飼養方法、健康照護，帶你認
　識全世界的烏龜、正確飼養烏龜！/ 朱哲助, 楊佳霖
　著 . -- 再版 . -- 臺中市：晨星, 2019.12
　面；　公分 . --（寵物館；28）

ISBN 978-986-443-933-1（平裝）

1. 龜 2. 寵物飼養

388.791　　　　　　　　　　　　　　108014121

寵物館 28

烏龜飼育與圖鑑百科：

從飼養方法、健康照護，帶你認識全世界的烏龜、正確飼養烏龜！

作者	朱哲助、楊佳霖
採訪	何楓琪
插畫	楊阿步
主編	李俊翰
特約編輯	曾怡菁
編輯	林珮祺
排版	曾麗香
美術設計	許芷婷
封面設計	言忍巾貞工作室
校對	游惠君

創辦人	陳銘民
發行所	晨星出版有限公司
	407 台中市西屯區工業 30 路 1 號 1 樓
	TEL：04-23595820 FAX：04-23550581
	行政院新聞局局版台業字第 2500 號
法律顧問	陳思成律師
初版	西元 2014 年 09 月 30 日
再版	西元 2023 年 09 月 25 日（七刷）

讀者專線	TEL：02-23672044 / 04-23595819#212
	FAX：02-23635741 / 04-23595493
	E-mail：service@morningstar.com.tw
網路書店	http：//www.morningstar.com.tw
郵政劃撥	15060393（知己圖書股份有限公司）

印刷	上好印刷股份有限公司

定價350元

ISBN 978-986-443-933-1

Printed in Taiwan
Morningstar Publishing Inc.